JN205422

東京大学工学教程

基礎系 物理学

統計力学 I

東京大学工学教程編纂委員会 編

宮下精二
今田正俊 著

Statistical Mechanics I

SCHOOL OF ENGINEERING
THE UNIVERSITY OF TOKYO

丸善出版

東京大学工学教程

編纂にあたって

東京大学工学部，および東京大学大学院工学系研究科において教育する工学はいかにあるべきか．1886年に開学した本学工学部・工学系研究科が125年を経て，改めて自問し自答すべき問いである．西洋文明の導入に端を発し，諸外国の先端技術追奪の一世紀を経て，世界の工学研究教育機関の頂点の一つに立った今，伝統を踏まえて，あらためて確固たる基礎を築くことこそ，創造を支える教育の使命であろう．国内のみならず世界から集う最優秀な学生に対して教授すべき工学，すなわち，学生が本学で学ぶべき工学を開示することは，本学工学部・工学系研究科の責務であるとともに，社会と時代の要請でもある．追奪から頂点への歴史的な転機を迎え，本学工学部・工学系研究科が執る教育を聖域として閉ざすことなく，工学の知の殿堂として世界に問う教程がこの「東京大学工学教程」である．したがって照準は本学工学部・工学系研究科の学生に定めている．本工学教程は，本学の学生が学ぶべき知を示すとともに，本学の教員が学生に教授すべき知を示す教程である．

2012年2月

2010–2011年度
東京大学工学部長・大学院工学系研究科長　北　森　武　彦

東京大学工学教程

刊行の趣旨

現代の工学は，基礎基盤工学の学問領域と，特定のシステムや対象を取り扱う総合工学という学問領域から構成される．学際領域や複合領域は，学問の領域が伝統的な一つの基礎基盤ディシプリンに収まらずに複数の学問領域が融合したり，複合してできる新たな学問領域であり，一度確立した学際領域や複合領域は自立して総合工学として発展していく場合もある．さらに，学際化や複合化はいまや基礎基盤工学の中でも先端研究においてますます進んでいる．

このような状況は，工学におけるさまざまな課題も生み出している．総合工学における研究対象は次第に大きくなり，経済，医学や社会とも連携して巨大複雑系社会システムまで発展し，その結果，内包する学問領域が大きくなり研究分野として自己完結する傾向から，基礎基盤工学との連携が疎かになる傾向がある．基礎基盤工学においては，限られた時間の中で，伝統的なディシプリンに立脚した確固たる工学教育と，急速に学際化と複合化を続ける先端工学研究をいかにしてつないでいくかという課題は，世界のトップ工学校に共通した教育課題といえる．また，研究最前線における現代的な研究方法論を学ばせる教育も，確固とした工学知の前提がなければ成立しない．工学の高等教育における二面性ともいえ，いずれを欠いても工学の高等教育は成立しない．

一方，大学の国際化は当たり前のように進んでいる．東京大学においても工学の分野では大学院学生の四分の一は留学生であり，今後は学部学生の留学生比率もますます高まるであろうし，若年層人口が減少する中，わが国が確保すべき高度科学技術人材を海外に求めることもいよいよ本格化するであろう．工学の教育現場における国際化が急速に進むことは明らかである．そのような中，本学が教授すべき工学知を確固たる教程として示すことは国内に限らず，広く世界にも向けられるべきである．2020 年までに本学における工学の大学院教育の 7 割，学部教育の 3 割ないし 5 割を英語化する教育計画はその具体策の一つであり，工学の教育研究における国際標準語としての英語による出版はきわめて重要である．

現代の工学を取り巻く状況を踏まえ，東京大学工学部・工学系研究科は，工学の基礎基盤を整え，科学技術先進国のトップの工学部・工学系研究科として学生が学び，かつ教員が教授するための指標を確固たるものとすることを目的として，時代に左右されない工学基礎知識を体系的に本工学教程としてとりまとめた．本工学教程は，東京大学工学部・工学系研究科のディシプリンの提示と教授指針の明示化であり，基礎（2 年生後半から 3 年生を対象），専門基礎（4 年生から大学院修士課程を対象），専門（大学院修士課程を対象）から構成される．したがって，工学教程は，博士課程教育の基盤形成に必要な工学知の徹底教育の指針でもある．工学教程の効用として次のことを期待している．

- 工学教程の全巻構成を示すことによって，各自の分野で身につけておくべき学問が何であり，次にどのような内容を学ぶことになるのか，基礎科目と自身の分野との間で学んでおくべき内容は何かなど，学ぶべき全体像を見通せるようになる．
- 東京大学工学部・工学系研究科のスタンダードとして何を教えるか，学生は何を知っておくべきかを示し，教育の根幹を作り上げる．
- 専門が進んでいくと改めて，新しい基礎科目の勉強が必要になることがある．そのときに立ち戻ることができる教科書になる．
- 基礎科目においても，工学部的な視点による解説を盛り込むことにより，常に工学への展開を意識した基礎科目の学習が可能となる．

東京大学工学教程編纂委員会　　委員長　大久保　達　也
幹　事　吉　村　　忍

基礎系 物理学

刊行にあたって

物理学関連の工学教程は全 13 巻を予定しており，その相互関連は次ページの図に示すとおりである．この図における「基礎」，「専門基礎」，「専門」の分類は，物理学に近い分野を専攻する学生を対象とした目安であり，矢印は各分野の相互関係および学習の順序のガイドラインを示している．その他の工学諸分野を専攻する学生は，そのガイドラインを参考に，適宜選択し，学習を進めて欲しい．「基礎」は，教養学部から 3 年程度の内容ですべての学生が学ぶべき基礎的事項であり，「専門基礎」は，4 年生から大学院で学科・専攻ごとの専門科目を理解するために必要とされる内容である．「専門」は，さらに進んだ大学院レベルの高度な内容である．工学教程全体の中では，数学で学ぶ論理の世界と現実の世界とを結び付けるのが物理学であり，ハードウェアに関わる全ての工学分野の基礎となる分野である．

* * *

現代物理学の根幹のひとつである統計力学は，微視的な運動を記述する（古典）力学や量子力学と，確率論とを組み合わせて，状態が正確に決まらない巨視的な系の振る舞い，例えば熱力学的性質を導出する理論体系である．様々なデバイスの微細化が進む現代においては，熱力学だけでなく統計力学として微視的な現象との結びつきを理解することが，工学的観点からも重要になっている．この「統計力学 I」では，統計力学の基礎的な内容について，相互作用のない粒子の系を中心にまとめている．前半は，主に古典的な系を念頭に置き，熱平衡状態の微視的な記述として，ミクロカノニカル分布，カノニカル分布，グランドカノニカル分布を用いる 3 種類の手法を，それぞれ具体的な例を交えながら学んでいく．後半は，量子系の統計力学の考え方を学び，それを用いて量子理想気体の振る舞いを導く．量子理想気体は，低温で古典理想気体とは異なる巨視的性質を持ち，さらに同種粒子の統計性の違いによってその性質は大きく異なる．そのような量子統計由来の諸現象について，具体的な例とともに学ぶ．

東京大学工学教程編纂委員会
物理学編集委員会

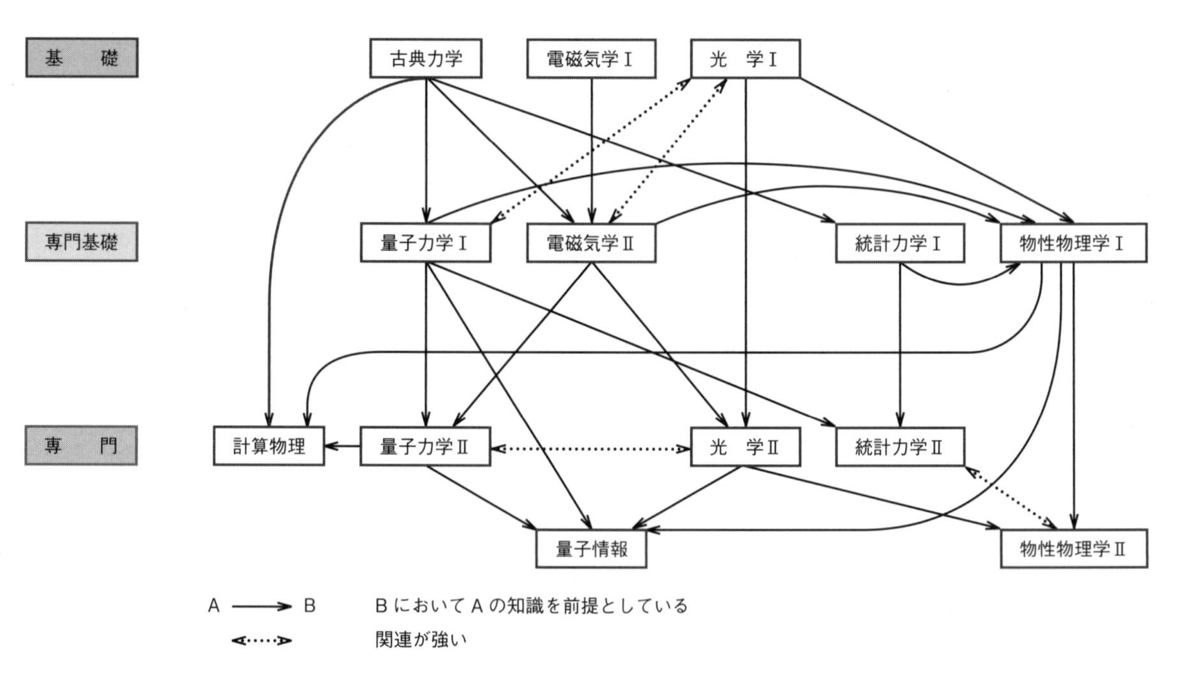

工学教程 (物理学分野) 相互関連図

目　次

はじめに

統計力学は，個々の系において熱力学で状態量として扱う巨視的 (マクロ) な量の間に成り立つ状態方程式を，それぞれの系の微視的 (ミクロ) な情報であるハミルトニアン (Hamiltonian) から導く方法を与える学問である．しかし，非常に多数の自由度からなる系では，実際に運動方程式を解いてそれらの情報を得ることはほとんど不可能である．そこで，熱力学では「熱」と「温度」という概念を導入し，マクロな量が従う一般的ないわゆる熱力学的関係を与えることに成功している．そこでは，個々の系の個性は「状態方程式」として与えられる．この状態方程式を個々の系のハミルトニアンから導くのが統計力学である．本書では，熱平衡状態の統計力学の方法を Gibbs (ギブズ) のアンサンブル理論によって説明する．このI巻では，主に相互作用がない場合について説明する．

1　孤立系における力学的状態の分布

統計力学は**微視的** (**ミクロ**) な系の力学情報から，熱力学状態において**巨視的** (**マクロ**) な量が示す関係，つまり状態方程式を導くものである．力学的状態は位置と運動量によって表される位相空間の点として与えられる．本章では，孤立系における力学的状態の分布を，位相空間という状態の集合として理解する考え方を古典力学系で説明する[*1]．

1.1　系の微視的 (ミクロ) な情報：ハミルトニアン

対象とするシステムは微視的には，力学の法則に従って運動しており，そこでの運動の法則は，たとえば古典力学あるいは量子力学として知られているとする．そこでの運動がわかれば，そのシステムの性質は完全に把握できるはずである．

古典力学系の把握の仕方は，解析力学として整理されている．統計力学において重要な役割をするのは，そこで出てくる「**位相空間**」という考え方と，そこで定義されている**ハミルトニアン** (Hamiltonian) という考え方である．

古典力学における運動は，運動方程式 (Newton (ニュートン) の方程式) で与えられる．たとえば，1 次元系で質量 m の質点がポテンシャルエネルギー $V(x)$ のもとで従う運動は，

$$m\frac{d^2x}{dt^2} = -\frac{dV(x)}{dx} \tag{1.1}$$

で与えられる．その運動は，位相空間での位置 x と運動量 p の運動としても表すことができる．ハミルトニアンが与えられると，運動は力学的に完全に決まり系のすべてのミクロな情報がわかる．通常，ハミルトニアンはエネルギーを位置 x と運動量 p を用いて表したものと考えてよい (8 章参照)．

多数の自由度からなる系では，実際に運動方程式を解いてその運動を求めることはほとんどの場合に不可能である．さらに，カオスと呼ばれる非常に複雑な軌道が現れることも知られており，具体的に運動を時間の関数で書き下すことは事

---

*1　量子系における位相空間の考え方は 5 章で説明する．

実上できない[*2].

しかし，孤立系において運動はエネルギー一定の条件で与えられるので，位相空間での運動はハミルトニアン一定，つまり等エネルギー面に限定でき，運動のいくつかの特徴を位相空間の情報から運動方程式を解くことなく知ることができる．特に，熱平衡状態での巨視的物理量の値を，位相空間における何らかの平均操作で得ようとするのが，**Gibbs (ギブズ) のアンサンブル理論**の考え方である．

1.2　平　均　値

熱力学，あるいは統計力学では巨視的な量を扱うが，それは，物理量の系全体での平均で表される．ここで平均とは何であろうか．物理量 $A(x,p)$ の**長時間平均**は，

$$\bar{A} = \lim_{T\to\infty} \frac{1}{T} \int_0^T A(x(s), p(s))ds \tag{1.2}$$

で与えられる．ここで，$x(s)$ あるいは $p(s)$ は，多数の粒子の時刻 s における位置 $\{x_1, x_2, \cdots, x_N\}$，運動量 $\{p_1, p_2, \cdots, p_N\}$ (N は粒子数) である．

この平均を求めるためには運動方程式を解いて $x(t), p(t)$ を求め，それを式 (1.2) に代入して計算しなくてならない．しかし，上で述べたように運動方程式を実際に解くことは一般には困難であり，その代わりに，ミクロな状態によって構成される位相空間 (x,p) の情報から，その平均を求めることを考える．

系が離散的な状態 $(\{S_i\}, i = 1, 2, \cdots, M)$ をとり，S_i での物理量 A の値を $A(S_i)$ とする．状態 S_i の出現確率を $P(S_i)$ とすると，A の平均値 $\langle A \rangle$ は，

$$\langle A \rangle = \sum_{i=1}^{M} A(S_i)P(S_i) \tag{1.3}$$

で与えられる．ここで考えた確率 $P(S)$ は，多くの同等な系からなる集合を考えたとき，状態 S が現れる頻度を表すものである．このような集合は**アンサンブル**と呼ばれる．この平均を**アンサンブル平均**という．

変数が $S = (x,p)$ のように連続変数の場合は，

$$\langle A \rangle = \int A(S)P(S)dS \tag{1.4}$$

*2　有限ではあるが多数の自由度からなる系の運動を，数値的に解くことは可能で，分子動力学法と呼ばれる．

と表される．ここでの $P(S)$ は状態が $S \sim S + dS$ にある確率が $P(S)dS$ で与えられる確率密度である．

この平均が長時間平均 (1.2) に等しくなるように $P(S)$ を選ぶ方法を考える．

1.3 等重率の原理

最も自然な $P(S)$ の決め方として導入されるのが**等重率の原理**と呼ばれるものである．統計力学では，区別できない状態は同じ確率で現れるとする等重率の原理を原理として用いる．運動は位相空間の等エネルギー面上で行われるが，特に情報がない場合は，同じエネルギーをもつ状態は区別できない状態とする[*3]．

この原理に基づくと A の平均値 $\langle A \rangle$ はエネルギーの関数として

$$\langle A \rangle(E) = \frac{\displaystyle\sum_{\text{エネルギー } E \text{ をもつすべての状態}} A(S)}{\text{エネルギー } E \text{ をもつすべての状態の数}} \tag{1.5}$$

で与えられる．

1.3.1 状 態

ここで，“**状態**” とは何かについて少し詳しく考察してみよう．力学における状態とは，たとえば空間を運動している N 個の粒子系では，それぞれの粒子が，どこにいて，どの方向に動いているかを指定することで与えられる．つまり，**正準変数**の組 $\{x_i, p_i\}$ を指定することで決められる．そのため，粒子数が N 個の場合，正準変数の組 $\{x_i, p_i\}$ からなる空間，つまり位相空間，の次元は $6N$ であり，状態はその中の 1 点で与えられる．

ここで問題となるのは，どのように状態を “数える” かである．位相空間は $6N$ 次元の空間であるのに対し，各状態は点であるので，状態の数は無限大であり，原理的に数えられない．たとえば，1 m の領域に粒子を配置するのに何通りありますかという問いには答えられないのである．そこで，場所をメッシュに区切ってたとえば 1 cm の区間に分けると，100 通りと答えられる．そのため，状態数を考えるには連続空間にメッシュを入れる必要がある．

---

*3 後章でみるように，区別できるか，できないかによって熱力学的性質は大きく違ってくる．

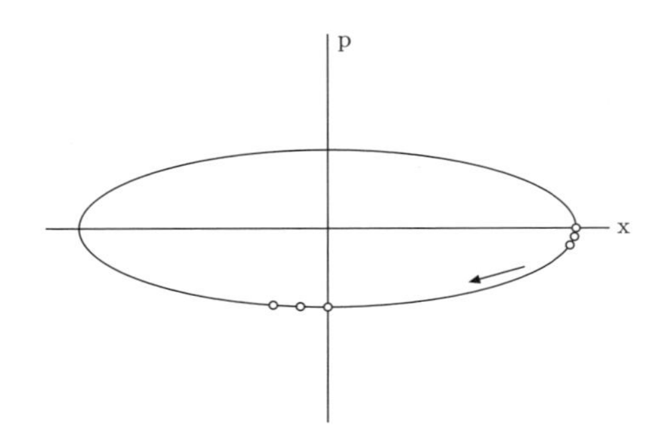

図 1.1　1 自由度調和振動子の位相空間における等エネルギー面 (線)

さらに，その状態の数え方に関して等重率の原理を用いて平均値を求めたとき，上で考えた時間平均 (1.2) と一致することを条件にするようなメッシュの入れ方が必要である．

そのメッシュの入れ方について，簡単な調和振動子を用いて考察する．

1.4　1 自由度調和振動子での状態

質点の質量を m，ばね定数を k とするとハミルトニアンは，

$$\mathcal{H} = \frac{1}{2m}p^2 + \frac{1}{2}kx^2 \tag{1.6}$$

と与えられる．この系の位相空間と等エネルギー線 (多変数の場合は等エネルギー面になる*4) を図 1.1 に示す．

例題 1.1 初期状態を $x(0) = 0, \dot{x}(0) = a$ として，運動を求めよ．また，このときのエネルギー E を求めよ．

(解) 運動方程式は，

$$m\frac{d^2x}{dt^2} = -kx$$

*4　空間が 3 次元で粒子数が N の場合，位相空間は $6N$ 次元であり，等エネルギーもつ領域は $(6N-1)$ 次元の超平面である．それを "等エネルギー面" と呼ぶことにする．以下では位相空間の超体積，超面積を簡単のため，それぞれ "体積"，"面積" と呼ぶことにする．

であるので，初期状態を満たす解として，

$$x(t) = a\cos\omega t, \quad \omega = \sqrt{\frac{k}{m}}$$

である．エネルギーは式 (1.6) に代入して，

$$E = \frac{1}{2}ka^2$$

である．◁

例題 1.2 上の運動での $x(t)^2$ の長時間平均

$$\overline{x(t)^2} = \lim_{T\to\infty}\frac{1}{T}\int_0^T x(s)^2 ds$$

を求めよ．

(解)

$$\overline{x(t)^2} = \lim_{T\to\infty}\frac{1}{T}\int_0^T a^2\cos^2(\omega s)ds = \lim_{T\to\infty}\frac{1}{T}\int_0^T a^2\frac{1+\cos(2\omega s)}{2}ds = \frac{1}{2}a^2$$

◁

メッシュの入れ方として，単純には等エネルギー線上で同じ長さになるように区分を決めればよいように思える．そのように決めた場合，出現確率は等エネルギー線上の長さ $ds = \sqrt{dx^2 + dp^2}$ に比例する．このとき物理量 $A(x,p)$ に関する式 (1.5) の平均は，

$$\bar{A} = \frac{\int_{\text{等エネルギー線}} A(x,p)ds}{\int_{\text{等エネルギー線}} ds} \tag{1.7}$$

となる．しかし，この決め方では長時間平均とは一致しないことがわかる．

例題 1.3 x^2 の位相空間での単純平均 (1.7) を求めよ．

(解) 単純平均 (1.7) は，

$$E = \frac{p^2}{2m} + \frac{k}{2}x^2 = \frac{k}{2}a^2 \to p^2 = mk(a^2 - x^2)$$

$$\oint ds = -4\int_a^0 dx\sqrt{1 + mk\frac{x^2}{a^2 - x^2}} = 4a\int_0^1 du\sqrt{\frac{1 - z^2u^2}{1 - u^2}} = 4aE(\frac{\pi}{2}, z)$$

ここで

$$x = au, \qquad z^2 = \frac{1 - mk}{a^2}$$

とした．また，$E(\phi, z)$ は第 2 種楕円積分である．

$$\oint x^2 ds = -4\int_a^0 dx x^2 \sqrt{1 + mk\frac{x^2}{a^2 - x^2}} = 4a^3 \int_0^1 du u^2 \sqrt{\frac{1 - z^2u^2}{1 - u^2}}$$

$$= 4a^3 \frac{1}{3z^2}\left[(2z^2 - 1)E(\phi, z) + (1 - z^2)F(\phi, z) - \frac{z^2}{2}\sin 2\phi\sqrt{1 - z^2\sin^2\phi}\right]_0^1,$$

$$\phi = \sin^{-1} x, x = 0, 1 \to \phi = 0, \frac{\pi}{2}$$

$$= 4a^3 \frac{1}{3z^2}\left[(2z^2 - 1)E(\frac{\pi}{2}, z) + (1 - z^2)F(\frac{\pi}{2}, z)\right]$$

ここで，$F(\phi, z)$ は第 1 種楕円積分である．$\phi = \pi/2$ の場合はそれぞれ，第 1 種完全楕円積分，第 2 種完全楕円積分と呼ばれ，

$$K(z) = F\left(\frac{\pi}{2}, z\right) = \frac{\pi}{2}\left[1 + \frac{1}{4}z^2 + \left(\frac{3}{8}\right)^2 z^4 + \cdots\right]$$

$$E(z) = E\left(\frac{\pi}{2}, z\right) = \frac{\pi}{2}\left[1 - \frac{1}{4}z^2 - \left(\frac{3}{8}\right)^2 \frac{z^4}{3} + \cdots\right]$$

である．これらから，

$$\langle x^2 \rangle = a^2 \frac{1}{3z^2}\frac{(2z^2 - 1)E(\frac{\pi}{2}, z) + (1 - z^2)F(\frac{\pi}{2}, z)}{E(\frac{\pi}{2}, z)} \simeq \frac{a^2}{2} + O(z^2)$$

となる．軌道が円のときは $z = 0$ であるので，長時間平均に一致するが，一般の楕円の場合には一致しない．　◁

つまり，このメッシュの入れ方では等重率の原理が成り立たないのである．

この事情を運動自身から見てみよう．等エネルギー線が完全な円でなく楕円である場合には，位相空間での状態点 (x, p) の運動は，一定でない速度で線上を運動する．

図 1.1 の右の 3 点は運動によって，ある時間の後に下方の 3 点に移動する．間隔が広がったのは下方では状態点の移動の速さが速いためである．そのため，明らかに等エネルギー線上の単純平均である式 (1.7) は時間平均と一致しない．

位相空間での平均を時間平均に等しくするためには，各区分での状態の滞在時間 $\tau(x,p)$ を掛けて平均する必要がある．つまり，

$$\langle A \rangle_t = \frac{\int_{\text{等エネルギー線}} A(x,p)\tau(x,p)ds}{\int_{\text{等エネルギー線}} \tau(x,p)ds} \tag{1.8}$$

とすべきである．ここで $\tau(x,p)$ は状態を表す点が区間 ds に滞在する時間であるので，この区間での状態点の速さ[*5]

$$\frac{ds}{dt} = \sqrt{\dot{x}^2 + \dot{p}^2} = \sqrt{\left(\frac{dx}{dt}\right)^2 + \left(\frac{dp}{dt}\right)^2} \tag{1.9}$$

の逆数に比例し，

$$\tau(x,p) \propto \frac{1}{\sqrt{\left(\frac{dx}{dt}\right)^2 + \left(\frac{dp}{dt}\right)^2}} \tag{1.10}$$

の関係がある．ここで，8 章の Hamilton (ハミルトン) の運動方程式 (8.10) を考慮すると，

$$\tau(x,p)^{-1} = \sqrt{\left(\frac{d\mathcal{H}}{dp}\right)^2 + \left(\frac{d\mathcal{H}}{dx}\right)^2} \tag{1.11}$$

と書ける．この表式を用いて式 (1.8) は，

$$\langle A \rangle_t = \frac{\int_{\text{等エネルギー線}} A(x,p) \left(\sqrt{\left(\frac{d\mathcal{H}}{dp}\right)^2 + \left(\frac{d\mathcal{H}}{dx}\right)^2}\right)^{-1} ds}{\int_{\text{等エネルギー線}} \left(\sqrt{\left(\frac{d\mathcal{H}}{dp}\right)^2 + \left(\frac{d\mathcal{H}}{dx}\right)^2}\right)^{-1} ds} \tag{1.12}$$

となる．これを**統計力学的平均**という．つまり，平均が時間平均と一致させるためには，

$$\left(\sqrt{\left(\frac{d\mathcal{H}}{dp}\right)^2 + \left(\frac{d\mathcal{H}}{dx}\right)^2}\right)^{-1} ds = \text{const.} \tag{1.13}$$

となるように区分を決める必要がある．

このメッシュの入れ方は不均一なものであり，また軌道ごとに決めなくてはならない．しかし，等エネルギー線上ではなく，位相空間において存在確率を考えると，以下に示すように非常にすっきりした形に表すことができる．

*5　この速さとは位相空間上を状態点が動く速さのことである．

ベクトル $(d\mathcal{H}/dx, d\mathcal{H}/dp) = (-\dot{p}, \dot{x})$ は，軌道の向き $(\dot{x}, \dot{p})$ に垂直であるので，エネルギーを位相空間の関数として表したときの最大傾斜の方向である．また，その大きさ $\sqrt{(d\mathcal{H}/dp)^2 + (d\mathcal{H}/dx)^2}$ は，位相空間でのエネルギーの変化率である．このことに注意すると，エネルギー E をもつ等エネルギー線と $E + \Delta E$ をもつ等エネルギー線の位相空間での距離を δ として，

$$\Delta E = \delta \times \sqrt{\left(\frac{d\mathcal{H}}{dp}\right)^2 + \left(\frac{d\mathcal{H}}{dx}\right)^2} \tag{1.14}$$

の関係があることがわかる．これから，

$$\delta = \Delta E \left(\sqrt{\left(\frac{d\mathcal{H}}{dp}\right)^2 + \left(\frac{d\mathcal{H}}{dx}\right)^2} \right)^{-1} \tag{1.15}$$

と表されるので，式 (1.13) は，

$$\begin{aligned} \delta \times ds &= \text{const.} \sqrt{\left(\frac{d\mathcal{H}}{dp}\right)^2 + \left(\frac{d\mathcal{H}}{dx}\right)^2} \times \Delta E \left(\sqrt{\left(\frac{d\mathcal{H}}{dp}\right)^2 + \left(\frac{d\mathcal{H}}{dx}\right)^2} \right)^{-1} \\ &= \text{const.} \Delta E \end{aligned} \tag{1.16}$$

と表すことができることがわかる．ここで，等エネルギー線上の長さ ds (多変数の場合は等エネルギー面の面積) $\times\delta$ はエネルギー E をもつ等エネルギー線と $E + \Delta E$ をもつ等エネルギー線の間の位相空間の面積 (多変数の場合は位相空間の体積) であることに注意しよう．確かに，図 1.2 で，運動によって状態点が軌跡上で広がるのは，エネルギー E と $E + \Delta E$ をもつ等エネルギー線の間の間隔が狭くなる (通過速度 (1.9) が速くなる) ためであり，運動によって区分の面積は変わらない．これは位相空間の領域の体積が運動によって変わらないという一般的性質 (**Liouville** (リウビル) **の定理**) である．そこで，エネルギー E をもつ等エネルギー線と $E + \Delta E$ をもつ等エネルギー線の間の位相空間の面積 (多変数の場合は位相空間の体積) を一定にするようにメッシュを入れるとよいことがわかる．このようにして決めたメッシュに同じ確率を与えれば，時間平均と同じ平均値が得られる．ここで係数として ΔE が式 (1.16) 右辺にかかっているが，平均値には影響しないため，その大きさは結果に影響しない．

例題 1.4 x^2 の位相空間での統計力学的平均 (1.12) を求めよ．

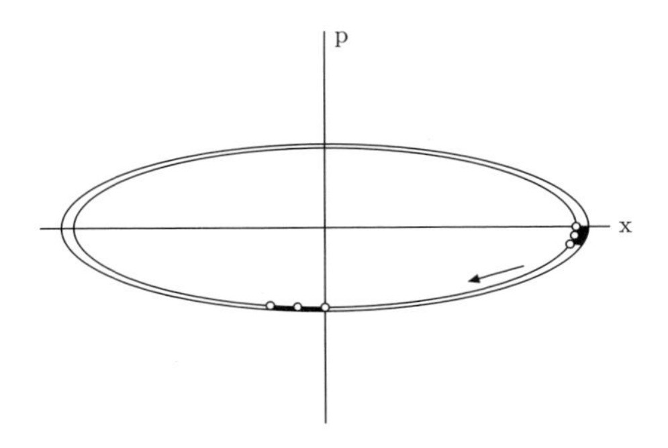

図 1.2　1 自由度調和振動子の位相空間における同じ面積をもつ区分
状態がそれぞれの区分の中のある確率が等しい

(解) 統計力学的平均 (1.12) は,

$$E = \frac{p^2}{2m} + \frac{k}{2}x^2 = \frac{k}{2}a^2 \to p^2 = mk(a^2 - x^2)$$

$$\begin{aligned}
\oint \frac{ds}{\sqrt{\dot{x}^2 + \dot{p}^2}} &= -4\int_a^0 dx\sqrt{1 + mk\frac{x^2}{a^2 - x^2}} \times \frac{1}{\sqrt{k(a^2 - x^2)/m + k^2x^2}} \\
&= -4\int_a^0 dx\sqrt{\frac{m/k}{a^2 - x^2}} = 2\pi\sqrt{\frac{m}{k}} \\
\oint x^2\frac{ds}{\sqrt{\dot{x}^2 + \dot{p}^2}} &= -4\int_a^0 dx x^2\sqrt{1 + mk\frac{x^2}{a^2 - x^2}} \times \frac{1}{\sqrt{k(a^2 - x^2)/m + k^2x^2}} \\
&= a^2\sqrt{\frac{m}{k}}
\end{aligned}$$

これらから,

$$\langle x^2 \rangle = \frac{a^2}{2}$$

であり，長時間平均に一致する．　◁

このことは，位相空間での平均を，

$$\langle A \rangle = \int A(x,p)W(x,p)dxdp \tag{1.17}$$

の形で表す場合，そこでの重み関数 $W(x,p)$ が定数となることを表している．つまり，

$$\langle A(E) \rangle = \frac{\int_{E\sim E+\Delta E} A(x,p)dxdp}{\int_{E\sim E+\Delta E} dxdp} \tag{1.18}$$

これから，位相空間における出現確率は，位相空間の体積 $dxdp$ (いまの場合は面積) に比例するということができる[*6].

ここで結論された位相空間の体積がその領域の状態が現れる確率に比例するとする考え方は，運動によって位相空間の領域の体積が変わらないという **Liouville の定理**からみても妥当である.

ここまで，1 自由度の調和振動子で考えてきたが，多変数の場合はエネルギーが E である等エネルギー面 (N 個の粒子の場合，$6N-1$ 次元超面) 内をくまなく粒子が運動すると仮定して (次節：エルゴード仮説参照) 同様に考えればよい.

ここで，重要なことは，運動方程式を解いて具体的に $\partial\mathcal{H}/\partial x$ や $\partial\mathcal{H}/\partial p$ を求めなくても，位相空間の等エネルギー線 (多変数の場合は等エネルギー面) の情報からのみで，平均が計算できることである．つまり，具体的に運動方程式を解かなくても，位相空間でのエネルギー構造がわかれば物理量の観測の長時間平均を知ることができることになった.

ここまでの議論では，メッシュの大きさをどのようにとるかについて議論していなかった．メッシュの大きさは，その中で分布が一様とみなせるくらい十分小さければ十分であり，古典力学の範囲では決めようがない．連続自由度の場合，十分小さなメッシュをとると，物理量の平均値はそのとり方によらなくなるので，気にしなくてもよい[*7].

対象の状態が，サイコロや物質の吸着の有無，スピンのアップ・ダウンなど離散的な状態をとる場合もある．量子力学においては基本的に離散状態を対象の状態として考える[*8]．位相空間の考え方は，状態が離散的に存在する場合にも拡張される．そのような場合には，状態とはそれぞれ個々の状態を意味し，その場合の位相空間はその系が取り得るすべての状態の集合である．そこでの等重率の原理は文字どおり，同じエネルギーをもつすべての状態の出現確率が等しいとすることである.

式 (1.18) により具体的に A が与えられるとその平均値を計算できるが，熱力学

---

*6　ただし，それはエネルギーが十分近い等エネルギー面の間でのみ正しく，エネルギーの大きさが異なる有限に離れた二つの状態点に関してはそれらの相対的な確率は決まっていないことに注意しよう.

*7　量子力学に統計力学を適用すると，不確定性関係からメッシュの大きさが自動的に決まり，その離散性が重要な役割を果たす興味深い現象が現れる (5 章参照).

*8　自由粒子など連続的な状態をもつ場合でも，有限の体積内での性質を考え，そこで離散化された状態の極限として連続自由度を捉えるのが普通である．無限系になると，いろいろ数学的に興味深い問題があるが，ここでは取り扱わない.

で重要な役割をするエントロピーや温度は上の方法でどのように計算されるのであろうか．エントロピーや温度も物理量であるがそれらのためには A としてどのような具体的な式を考えればよいのか次章で説明する．

1.5　エルゴード仮説

前節で，位相空間での平均が長時間平均 (1.2) と一致するように確率の密度が選ばれた．

しかし，両者が一致するためには式 (1.18) の積分範囲が実際に状態点 (x, p) が運動する範囲と一致しなくてはならない．状態が十分長い間時間発展するとき等エネルギー面を埋め尽くすように運動すれば，この二つの平均値は一致する．そこで，等エネルギー面上を (ほぼ) 埋め尽くすように運動すると仮定することを**エルゴード仮説**という．これまで，どのような条件のもとでこの仮説が成立するかについて多くの研究がある．まず，検討すべきは，位相空間のすべての部分を埋め尽くせるかという問題である．この問題はエルゴード問題と呼ばれる．

まず，最初に明らかなこととして，状態点の運動の位相空間での軌跡は線なので，高次元の空間を埋め尽くすことはできない．この点に関しては，点がすべての空間を埋め尽くすのではなく，すべての点の任意の近傍を通過することが議論された (**準エルゴード仮説**)．次に，それにかかる時間が問題になる．ばねの例では軌道を 1 周する時間は，振動の周期

$$T = 2\pi\sqrt{\frac{m}{k}} \tag{1.19}$$

である．しかし，実際の多体系では，軌道を 1 周するのにかかる時間は **Poincaré** (ポアンカレ) **の回帰時間**と呼ばれ非常に長くなる．そのため，たとえ軌跡が位相空間を埋め尽くしたとしても，そこでの時間平均をするには膨大な時間がかかる[*9]．つまり，上で考えた時間平均はとても実現できない．そのため，エルゴード仮説だけでは統計力学の方法を適用する十分な条件とはいえないようである．

これまでの議論では，熱力学を説明する場合に物理量の示量性を仮定していることが考慮されていない．実際の熱力学を微視的な力学，つまり系のハミルトニアン，から導こうとする際には，むしろこの示量性の条件が詳しく議論されるべ

*9　ちょっとした系でも，T は宇宙の寿命より長くなる．

きであると考えられる．もし示量性が成り立っているとすると全系を細かく分割しても，それぞれの部分系においての単位自由度あたりの熱力学量は一致する．各部分系をアンサンブルとみなすと，それぞれの系での位相空間での初期値は等エネルギー面内に一様に分布していると考えられる．そのように考えると位相空間での平均が，どの時間においても熱平衡値と一致することが説明できる．いずれにしても，これまでの経験では位相空間で平均式 (1.12) で計算された量は正確に熱平衡状態での平均を表している．最近，典型的な一つの状態 (ある瞬間の状態) は十分平均的な性質を示すこと (**typicality**) についての議論がされている．

2 ミクロカノニカル分布

式 (1.5) で物理量の平均を考える場合の母集団をミクロカノニカル集合，あるいは**ミクロカノニカルアンサンブル** (小正準集合) という[*1]．つまり，ミクロカノニカルアンサンブルとは同じエネルギーをもつ状態の集合全体である．ここでは，内部エネルギー U，体積 V，粒子数 N を独立変数にとる．

2.1 等重率の原理と熱平衡

まず，温度とは何であったか思い出そう．温度は各熱平衡状態につけられた，熱いとか冷たいとかを表す指標であった．そして，二つの系を接触させる (エネルギーのやりとりを許す) と，それぞれの系の温度が等しいとき，全体の熱平衡状態が実現される．つまり熱力学において，エネルギーのやりとりの許される二つの系が平衡になる条件は，両系で温度が一致することであった．そこで，二つの系が熱平衡であるとき，両系で一致する量を考え，それから統計力学における温度を定義しよう．

前節で導入された等重率の原理を用いて二つの部分系 A，B からなる全系の平衡を考える (図 2.1)．全系は孤立しており，ミクロカノニカルの方法，つまり等重率の原理が適用される．

このとき，一つの系を二つに分けて，その間で熱的平衡が実現するときの条件が何であるか考えよう．全系のエネルギーを E とし，二つの部分系 A，B のエネルギーをそれぞれ E_{A}，E_{B} とする[*2]．

$$E = E_{\mathrm{A}} + E_{\mathrm{B}} \tag{2.1}$$

全系がエネルギー E をもつ**状態数**を $W(E)$ とし，系 A，系 B がそれぞれエネルギー E_{A}，E_{B} をもつ状態数 $W_{\mathrm{A}}(E_{\mathrm{A}})$，$W_{\mathrm{B}}(E_{\mathrm{B}})$ をすると，いろいろな分割の仕

---

*1　小正準集団と呼ぶこともある．同じ意味であり，どちらでもよいが本書では「集合」を用いる．

*2　二つの部分系のエネルギーをやりとりする相互作用があり，そこからのエネルギーへの寄与があるはずであるが，それらは十分小さいとする．また，相互作用が長距離の場合このような分割はできず，普通の意味での熱力学の対象外となるので，本書では扱わない．

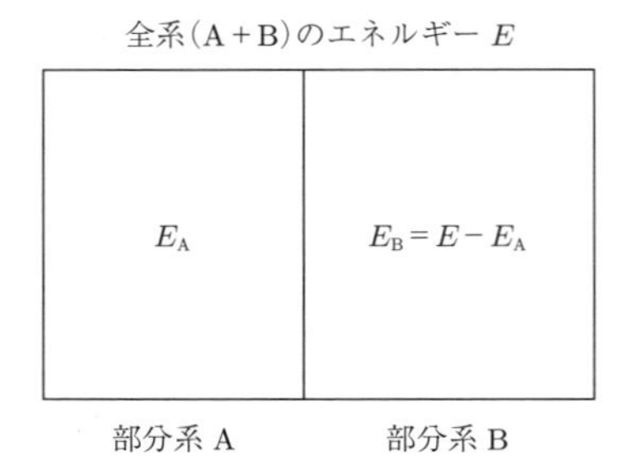

図 2.1　二つの系 A, B の熱的接触

方があるので,

$$W(E) = \sum_{E_{\mathrm{A}}} W_{\mathrm{A}}(E_{\mathrm{A}}) W_{\mathrm{B}}(E - E_{\mathrm{A}}) \tag{2.2}$$

と書ける.

ここで,二つの系が熱平衡にあるとはどのようなことか考えてみよう.熱平衡状態とは,等重率の原理による実現確率が最も大きな状態であるとする.個々の状態は等重率の原理より等確率で起こるのであるから,実現確率は状態数に比例する.つまり,系 A,系 B がそれぞれエネルギー E_{A},E_{B} をもつように分割される確率は,

$$\begin{aligned} P(E_{\mathrm{A}}) &= \frac{W_{\mathrm{A}}(E_{\mathrm{A}}) W_{\mathrm{B}}(E - E_{\mathrm{A}})}{\sum_{E_{\mathrm{A}}'} W_{\mathrm{A}}(E_{\mathrm{A}}') W_{\mathrm{B}}(E - E_{\mathrm{A}}')} \\ &= \frac{W_{\mathrm{A}}(E_{\mathrm{A}}) W_{\mathrm{B}}(E - E_{\mathrm{A}})}{W(E)} \end{aligned} \tag{2.3}$$

となる.この確率を最大にするようなエネルギー分割,$E_{\mathrm{A}}, E - E_{\mathrm{A}}$ が熱平衡状態に対応していると考える.そこで,式 (2.3) を E_{A} に関して微分し,極値である条件

$$\frac{d}{dE_{\mathrm{A}}} \left(\frac{W_{\mathrm{A}}(E_{\mathrm{A}}) W_{\mathrm{B}}(E - E_{\mathrm{A}})}{W(E)} \right) = 0 \tag{2.4}$$

より,$P(E_{\mathrm{A}})$ を最大にする E_{A} の値が求められる[*3].ここで,式 (2.4) は,

$$\frac{dW_{\mathrm{A}}(E_{\mathrm{A}})}{dE_{\mathrm{A}}} W_{\mathrm{B}}(E - E_{\mathrm{A}}) + W_{\mathrm{A}}(E_{\mathrm{A}}) \frac{dW_{\mathrm{B}}(E - E_{\mathrm{A}})}{dE_{\mathrm{A}}} = 0 \tag{2.5}$$

*3　極値条件は最大値であることの必要条件で,十分条件ではない.

であり[*4]，

$$\frac{\left(\dfrac{dW_\mathrm{A}(E_\mathrm{A})}{dE_\mathrm{A}}\right)}{W_\mathrm{A}(E_\mathrm{A})} = \frac{\left(\dfrac{dW_\mathrm{B}(E_\mathrm{B})}{dE_\mathrm{B}}\right)}{W_\mathrm{B}(E_\mathrm{B})} \tag{2.6}$$

の形にまとめられる．

ここで注意すべきことは，この両辺はそれぞれ系 A，B にのみに依存し，各系で独立に決まる量であることである．もし，全系として系 B の代わりに系 C を系 A と合わせた系を考える場合にも式 (2.6) の左辺は変わらない．このことから，熱平衡状態では各系の状態数をエネルギーで微分した量と状態量自身の比が一致すると結論できる．これは熱力学の第 0 法則である，温度の推移律，つまり，温度計可能の原理に対応している[*5]．

ここで，

$$\frac{\left(\dfrac{dW_\mathrm{A}(E_\mathrm{A})}{dE_\mathrm{A}}\right)}{W_\mathrm{A}(E_\mathrm{A})} = \frac{d\log W_\mathrm{A}(E_\mathrm{A})}{dE_\mathrm{A}} \tag{2.7}$$

であるので，エネルギーのやりとりが許される二つの部分系が熱平衡となる条件は，各系での状態数の対数微分が一致するということができる．熱力学では，エネルギーのやりとりを許す接触のもとでの熱平衡状態で条件は，両系での温度の一致であったので，式 (2.7) が温度の一意的関数でなくてはならないことがわかる．そこで，この量を用いて統計力学における温度を定義する．

2.2 温度の定義

熱力学でもそうであったが，**温度**を定義する際には相当，自由度がある．つまり，温度の目盛の打ち方は原理的には任意である．温度の定義を決めればそれに伴ってエントロピーも決まる．この事情は統計力学でも同様である．一般に，式 (2.7) を適当な単調な関数 $g(T)$ を用いて，

$$\frac{d\log W}{dE} = g(T), \quad T = g^{-1}\left(\frac{d\log W}{dE}\right) \tag{2.8}$$

---

*4 $\dfrac{dW_\mathrm{B}(E-E_\mathrm{A})}{dE_\mathrm{A}} = -\left.\dfrac{dW(E_\mathrm{B})}{dE_\mathrm{B}}\right|_{E_\mathrm{B}=E-E_\mathrm{A}}$ であることを用いた．

*5 熱力学第 0 法則は A と B の温度が等しく，B と C の温度も等しいとき，A と C の温度も等しいことを主張する．

と表し，そこで現れた変数 T を**統計力学的温度**として定義すればよい．その関数形の選び方として，熱力学で用いている温度と同じ値になるように，統計力学的温度を決めることが望ましい．熱力学では温度を気体温度計の温度と一致するように決めている．そこで統計力学でも同じ目盛を採用し，単位を K (ケルビン) とすることにする．

そこで，熱力学的に温度が決まっており，さらにその系のハミルトニアンが簡単で具体的に式 (2.7) が計算できる系において，式 (2.7) の量を計算し温度が熱力学的温度に一致する決まるよう $g(T)$ の関数形を決めることとする．

そのような系として，ここでは体積 V の容器に閉じ込められた理想気体を採用する．理想気体のハミルトニアンは，

$$\mathcal{H} = \sum_{i=1}^{N} \frac{1}{2m} \boldsymbol{p}_i^2 \tag{2.9}$$

である．ここで m は分子の質量である．位置のエネルギー $U(\boldsymbol{r})$ は容器内で 0 であるとする．エネルギーと熱力学的温度の関係は，

$$E = \frac{3}{2} N k_{\mathrm{B}} T \tag{2.10}$$

で与えられている．ここで k_{B} は **Boltzmann** (ボルツマン) **定数**と呼ばれる定数である．

$$k_{\mathrm{B}} = 1.38 \times 10^{-23}\,\mathrm{J\,K^{-1}} \tag{2.11}$$

ちなみに気体定数 R は Boltzmann 定数 k_{B} の **Avogadro** (アボガドロ) **数** ($N_{\mathrm{A}} = 6.02 \times 10^{23}$) 倍である[*6]．

$$R = 1.38 \times 10^{-23}\,\mathrm{J\,K^{-1}} \times 6.02 \times 10^{23} \simeq 8.3144\,\mathrm{J\,(mol\ K)^{-1}} \tag{2.12}$$

2.2.1　理想気体の状態数

式 (2.9) において位相空間上でエネルギー E をもつ等エネルギー面は，

$$\frac{1}{2m}\left((p_1^x)^2 + (p_1^y)^2 + (p_1^z)^2 + \cdots + (p_N^z)^2 \right) = E \tag{2.13}$$

*6　粒子数を Avogadro 数を単位として測ったものを mol (モル) という．

である．一般に半径 r の n 次元球の体積 V_n は，

$$\Omega_n(r) = \frac{r^n \pi^{n/2}}{\Gamma(\frac{n}{2}+1)} \tag{2.14}$$

で与えられる．ここで $\Gamma(z)$ はガンマ関数と呼ばれ $\Gamma(z+1) = z\Gamma(z)$ を満たし，$\Gamma(1) = 1, \Gamma(1/2) = \sqrt{\pi}$ である．

エネルギー E の場合の球の体積は $r = \sqrt{2mE}, n = 3N$ とおいて，

$$\Omega(E) = \Omega_{3N}(\sqrt{2mE}) \tag{2.15}$$

である．これより，エネルギーが $E \sim (E + \Delta E)$ の状態をもつ位相空間の体積は，実空間からの寄与を含めて，

$$\frac{d\Omega(E)}{dE}\Delta E \times \int_V \int_V \int_V d\boldsymbol{r}_1 d\boldsymbol{r}_2 \cdots d\boldsymbol{r}_N = V^N \frac{3Nm\pi(2\pi mE)^{3N/2-1}}{\Gamma(\frac{3N}{2}+1)}\Delta E \tag{2.16}$$

で与えられる*7．ここで V は容器の体積であり，V^N は N 粒子数の位置座標からの寄与である*8．ここで，1 状態とみなせる位相空間の体積を C^N とすると*9，エネルギーが $E \sim E + \Delta E$ のあいだにある状態数は，

$$W(E) = V^N \frac{3Nm\pi(2\pi mE)^{3N/2-1}}{C^N\Gamma(\frac{3N}{2}+1)}\Delta E \tag{2.17}$$

となる．

この $W(E)$ を用いて式 (2.7) を計算すると，

$$\frac{d\log W(E)}{dE} = \left(\frac{3N}{2} - 1\right)\frac{1}{E} \simeq \frac{3N}{2}\frac{1}{E} \tag{2.18}$$

となる．この表式と式 (2.10) を比較することで，

$$\frac{d\log W(E)}{dE} = \frac{1}{k_{\mathrm{B}}T} \tag{2.19}$$

が得られる．つまり，式 (2.8) において $g(T) = 1/k_{\mathrm{B}}T$ ととると熱力学的温度と同じ統計力学的温度が定義できることがわかった．

---

*7
$$\frac{d}{dE}\frac{(2mE)^{3N/2}\pi^{3N/2}}{\Gamma(\frac{3}{2}+1)} = 3N\frac{m\pi(2mE)^{3N/2-1}\pi^{3N/2}}{\Gamma(\frac{3}{2}+1)}$$
を用いた．

*8 粒子が区別できない場合，状態の数え方に注意が必要である．これに関しては後で詳しく考察するが，ここでは触れない．

*9 この量は，古典力学の範囲では決められず，量子力学的考察から Planck (プランク) 定数 h を用いて $C = h^3$ であることがわかる (6 章，式 (6.8))．

例題 2.1 エネルギーによらず温度が一定となる系の状態数 $W_{\mathrm{const}}(E)$ を求め，理想気体の場合，および 2 準位系の場合の $W(E)$ と比較せよ．
また，状態数がエネルギーが大きなところで $W_{\mathrm{const}}(E)$ に比べて状態数の増え方が速いとどうなるか考察せよ．

(解)

$$\frac{d\log W(E)}{dE} = \mathrm{const.} \to W(E) = W_0 e^{\alpha E} \tag{2.20}$$

理想気体，2 準位系の場合それぞれ，

$$W(E) \propto (E/N)^{3N/2} = e^{3N\log(E/N)/2}$$

$$W(E) = \frac{N!}{\left(\frac{N+E/h}{2}\right)!\left(\frac{N-E/h}{2}\right)!}$$

であり (2.6 節参照)，$W_{\mathrm{const}}(E)$ に比べて，エネルギーが大きなところの状態数の増え方が遅い．

状態数がエネルギーが大きなところで $W_{\mathrm{const}}(E)$ に比べて状態数の増え方が速いと

$$\frac{1}{k_{\mathrm{B}}T} = \frac{1}{k_{\mathrm{B}}}\frac{d\log W(E)}{dE}$$

がエネルギーの増加関数となり，エネルギーが増えると温度が下がることになり，熱力学が成立しない． ◁

2.3 温度とエントロピー

熱的な平衡状態は任意の系の間で成り立つが，それらすべてを理想気体を介して温度を決めればよい．つまり，どのような系に対しても，その系の温度は，それぞれの系でのエネルギー E にある状態数を $W(E)$ とするとき，

$$\frac{1}{k_{\mathrm{B}}T} = \frac{d\log W(E)}{dE} \tag{2.21}$$

の関係で与えられることがわかったが，ここで熱力学的関係

$$\frac{\partial S}{\partial E} = \frac{1}{T} \tag{2.22}$$

と式 (2.21) を比較すると，**エントロピー** S が

図 **2.2**　Boltzmann の墓 (著者撮影)

$$S = k_{\mathrm{B}} \log W(E) \tag{2.23}$$

で与えられることがわかる．これは統計力学におけるエントロピーを与える表式で **Boltzmann の原理**と呼ばれるものである．この式は，ウィーンにある Boltzmann の墓に銘記されている (図 2.2).

以上で述べた等重率の原理と Boltzmann の原理を用いることで，系のハミルトニアンが与えられるとその系の熱力学的性質を知ることができるようになった．つまり，ハミルトニアンの等エネルギー状態の個数 $W(E)$ をエネルギーの関数として求め，式 (2.19) によって温度と内部エネルギーの関係を求めるのである．この方法はミクロカノニカル集合の方法と呼ばれる．

2.4　熱 力 学 関 数

このミクロカノニカル集合では，系のエネルギー U，体積 V，粒子数 N をあらかじめ与えられる変数としているので，いろいろな量の熱平均はこれらの変数の関数として求められる．つまり，熱力学でいうところの独立変数は内部エネルギー U，体積 V，粒子数 N である．ミクロカノニカル集合の熱力学関数はエントロピー S であり，**熱力学の基礎方程式**

$$dU = TdS - PdV + \mu dN \tag{2.24}$$

より，エントロピーの U, V, N への依存性は，

$$dS = \frac{1}{T}dU + \frac{P}{T}dV - \frac{\mu}{T}dN \tag{2.25}$$

となる．このとき，温度 T，圧力 P，**化学ポテンシャル** μ は，

$$\frac{1}{T} = \frac{\partial S}{\partial E}, \quad \frac{P}{T} = \frac{\partial S}{\partial V}, \quad \frac{\mu}{T} = -\frac{\partial S}{\partial N} \tag{2.26}$$

で，独立変数である内部エネルギー U，体積 V，粒子数 N の関数として与えられる．これらの関係

$$\begin{cases} T &= T(U,V,n) \\ P &= P(U,V,n) \\ \mu &= \mu(U,V,n) \end{cases} \tag{2.27}$$

は状態方程式と呼ばれ，与えられた系の熱力学的特徴を表すものである．ミクロな情報であるハミルトニアンから，これらの状態方程式を導くのが統計力学の役目である．

ミクロカノニカル集合の方法を用いて，熱力学的性質を求めるには，上で説明したようにエネルギー E をもつ状態数を E の関数として求め，関係式 (2.23), (2.26) を用いる．その例を以下に示す．

2.5　理想気体 (ミクロカノニカル集合の方法)

温度の導入のとき，温度の定義として理想気体の状態方程式を用いたので，理想気体の状態方程式を導くというのは，トートロジーであるが，ここでは「理想気体の状態方程式」をミクロカノニカル集合の方法で導くという立場でこの問題を解く．

理想気体のハミルトニアンは式 (2.9)

$$\mathcal{H} = \sum_{i=1}^{N} \frac{1}{2m} \boldsymbol{p}_i^2$$

であるので，エネルギー E をもつ状態数 $W(E)$ は 2.2 節で計算したように式 (2.17) に比例する．

$$W(E) \propto C^{-N} V^N \times \frac{3N}{2} (2\pi m E)^{3N/2-1} / \Gamma\left(\frac{3N}{2}+1\right)$$

より，

$$\begin{aligned} S(E) &= k_{\mathrm{B}} \log W(E) \\ &= k_{\mathrm{B}} \left[-N \log C + N \log V + \log \frac{3N}{2} \right. \\ &\quad \left. + \left(\frac{3}{2}N - 1\right) \log(2\pi m E) - \log \Gamma\left(\frac{3N}{2}+1\right)\right] + \text{const.} \end{aligned} \tag{2.28}$$

式 (2.26) を用いると，

$$\frac{1}{T} = \frac{\partial S}{\partial E} = k_{\mathrm{B}} \left(\frac{3N}{2} - 1\right) \frac{1}{E} \tag{2.29}$$

であり，N が十分大きいとき，

$$E = \frac{3}{2} N k_{\mathrm{B}} T \tag{2.30}$$

が得られる．この関係は温度の定義に使われた．また，

$$\frac{P}{T} = \frac{\partial S}{\partial V} = k_{\mathrm{B}} \frac{N}{V} \tag{2.31}$$

であり，よく知られた理想気体の状態方程式

$$PV = N k_{\mathrm{B}} T \tag{2.32}$$

が得られる．さらに，

$$\begin{aligned} \frac{\mu}{T} &= -\frac{\partial S}{\partial N} \\ &= -k_{\mathrm{B}} \left[\log V + \frac{3}{2} \log(2\pi m E) + \frac{1}{N} - \frac{d \log \Gamma(\frac{3N}{2}+1)}{dN} - \log C \right] \end{aligned} \tag{2.33}$$

から，化学ポテンシャル μ が求められる．ここで **Stirling** (スターリング) **の公式**

$$N! \simeq N^N e^{-N} \tag{2.34}$$

を用いると，

$$\Gamma\left(\frac{3N}{2}+1\right) = \left(\frac{3N}{2}\right)! \simeq \left(\frac{3N}{2}\right)^{3N/2} e^{-3N/2} \tag{2.35}$$

であり，

$$\frac{d}{dN}\log\Gamma\left(\frac{3N}{2}+1\right) \simeq \frac{3}{2}\log\frac{3N}{2} + \frac{3}{2} - \frac{3}{2} \tag{2.36}$$

である．これを用いると，

$$\begin{aligned}\frac{\mu}{T} = -\frac{\partial S}{\partial N} &\simeq -k_{\mathrm{B}}\left[\log V + \frac{3}{2}\log(2\pi mE) + \frac{1}{N} - \frac{3}{2}\log\frac{3N}{2} - \log C\right] \\ &= -k_{\mathrm{B}}\left[\log V + \frac{3}{2}\log\frac{4\pi mE}{3N} + \frac{1}{N} - \log C\right]\end{aligned} \tag{2.37}$$

が得られる．ここで，V, E, N は**示量的**な量であり，N に比例する．一方 μ も T も N によらない**示強的**な量である．上式右辺の $1/N$ の項は十分大きな N で無視できる．しかし，$\log V$ は N とともに発散し，右辺は**示強性**を満たさない．それは状態の数え方に問題があるためである．

2.5.1　区別できない粒子系での状態

N 個の粒子が区別できない場合 (**同種粒子**と呼ぶ) の状態とは何かについて考えてみよう．図 2.3 に示すように三つの粒子があるとき，場所 $\boldsymbol{r}_1$，$\boldsymbol{r}_2$，$\boldsymbol{r}_3$ に粒子があると考えると一つの状態である．しかし，粒子に名前をつけて，1 番目の粒子が $\boldsymbol{r}_1$，2 番目の粒子が $\boldsymbol{r}_2$，3 番目の粒子が $\boldsymbol{r}_3$ にいるというように粒子を区別して考えると，$3! = 6$ つの状態が現れる．一般に系が N 個の粒子からなる場合に，式 (2.17) では，粒子の位置に関する状態についての和として，

$$\int d\boldsymbol{r}_1 \int d\boldsymbol{r}_2 \cdots \int d\boldsymbol{r}_n = V^N \tag{2.38}$$

としていた．そこでは，

$$(x_i, y_i, z_i, p_i^x, p_i^y, p_i^z), \quad i = 1, 2, \cdots, N \tag{2.39}$$

にある状況を粒子数の入替えについて $N!$ 通りの状態を異なる状態として数えている．しかし，粒子数が区別できない場合はそれらを区別するべきではなく，一

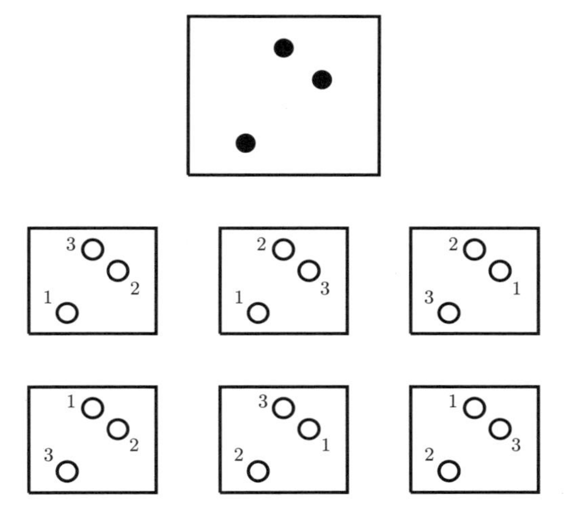

図 **2.3** 三つの粒子の "状態"
粒子数を区別した場合の 6(=3!) 状態と，区別しない場合の 1 状態.

つの状態として考えなくてはならない．その場合，状態数は，

$$W(E) \propto \frac{1}{N!} \frac{V^N \times \frac{3N}{2}(2\pi mE)^{3N/2-1}\delta(\Delta E)}{C^N \Gamma(\frac{3N}{2}+1)} \tag{2.40}$$

とすべきである．これを用いると式 (2.30)，式 (2.32) は同じ結果になるが，式 (2.37) は，

$$\frac{\mu}{T} = \frac{\partial S}{\partial N} = -k_{\mathrm{B}} \left(\log\left(\frac{V}{N}\right) + \frac{3}{2}\log\frac{4\pi mE}{3N} - \log C \right) \tag{2.41}$$

となり，示強性を回復する．エントロピー自身もこの状態数 (2.40) を用いて，

$$S(E) = Nk_{\mathrm{B}} \left(\frac{3}{2}\log\left(\frac{4\pi mE}{3N}\right) + \log\frac{V}{N} + 1 + \frac{3}{2} - \log C \right) + \text{const.} \tag{2.42}$$

で与えられる．

2.6 2 準位系 (ミクロカノニカル集合の方法)

N 個の粒子があり，それぞれが状態 A あるいは B をとるとする．それぞれのエネルギーを ε_{A}，ε_{B} とする．この系が温度 T で熱平衡状態にあるときのいろい

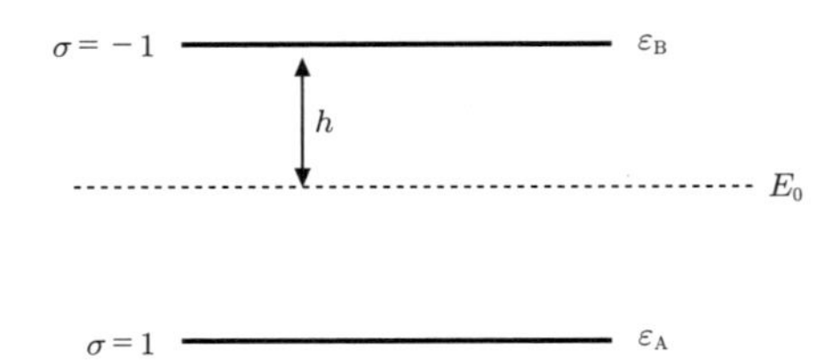

図 **2.4**　2 準位系

ろな熱力学量を調べてみよう．全系のエネルギーは，

$$\mathcal{H} = \sum_{i=1}^{N} \varepsilon_i, \quad \varepsilon_i = \varepsilon_{\mathrm{A}} \quad \text{または} \quad \varepsilon_{\mathrm{B}} \tag{2.43}$$

である．この系の状態を表す便利な表記法として，

$$\sigma_i = \pm 1 \tag{2.44}$$

を導入する．i 番目の粒子が状態 A にあることを $\sigma_i = 1$，状態 B にあることを $\sigma_i = -1$ で表すことにする．このとき i 番目の粒子のエネルギーは，

$$\varepsilon_i = E_0 - h\sigma_i, \qquad E_0 = \frac{\varepsilon_{\mathrm{A}} + \varepsilon_{\mathrm{B}}}{2}, \qquad h = \frac{\varepsilon_{\mathrm{B}} - \varepsilon_{\mathrm{A}}}{2} \tag{2.45}$$

と書ける (図 2.4)．

この系全体で A 状態にある粒子数を N_+，B 状態にある粒子数 N_- とすると，

$$N = N_+ + N_- \tag{2.46}$$

$$E = h(N_+ - N_-) + NE_0 \tag{2.47}$$

である．以後，簡単のために $E_0 = 0$ とする．そのときの状態数 (場合の数) は，$N_\pm = (N \pm E/h)/2$ であるので，

$$W(E) = {}_N C_{N_+} = \frac{N!}{(N_+!)(N_-!)} = \frac{N!}{\left(\frac{N+E/h}{2}\right)!\left(\frac{N-E/h}{2}\right)!} \tag{2.48}$$

のように E の関数として与えられる (図 2.5)．

エントロピーは，Stirling の公式を用いて，

$$S(E) = k_{\mathrm{B}}\left(\log N! - \log\left(\frac{N+E/h}{2}\right)! - \log\left(\frac{N-E/h}{2}\right)!\right)$$

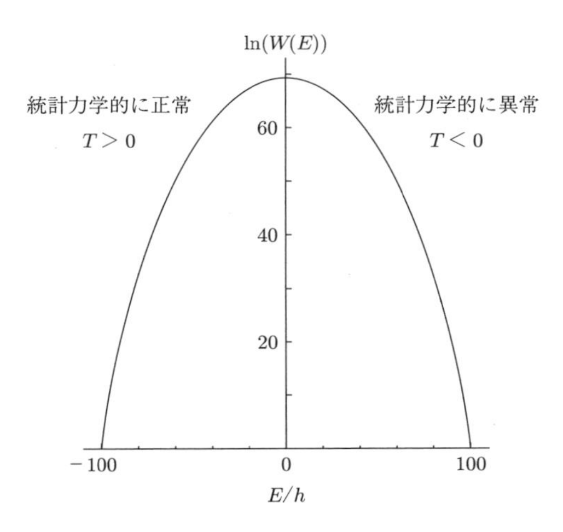

図 2.5 2準位系 (粒子数 100 個) の状態密度 (対数)
ここでは $E_0 = 0$ としている.

$$\simeq k_{\mathrm{B}}\left(N\log N - \left(\frac{N+E/h}{2}\right)\log\left(\frac{N+E/h}{2}\right)\right.$$
$$\left. - \left(\frac{N-E/h}{2}\right)\log\left(\frac{N-E/h}{2}\right)\right) \tag{2.49}$$

である. 状態方程式は,

$$\frac{\partial S}{\partial E} = \frac{1}{T} = \frac{k_{\mathrm{B}}}{2h}\log\left(\frac{N-E/h}{N+E/h}\right) \tag{2.50}$$

であり, 整理すると,

$$E = -hN\tanh(\beta h) \tag{2.51}$$

となる. ただし,

$$\beta = \frac{1}{k_{\mathrm{B}}T} \tag{2.52}$$

である. 今後, 特に断らないかぎり β はこの意味で用いられる. この系の基底状態 ($T = 0$) では, すべての粒子が状態 A にあり,

$$E = -hN \tag{2.53}$$

である. また, $T = \infty$ では状態 A と状態 B に同等に粒子数は分布し,

$$E = 0 \tag{2.54}$$

である．

ここで，注意すべきことは，$E > E_0$ に対しては式 (2.50) で定義される温度は負になることである (**負の温度状態**)．これは 2 準位系では状態数はエネルギー E_0 の周りに対称であり，エネルギーに対して単調ではない．$E > 0$ の場合には，エネルギーが増えると状態数つまりエントロピーが減少する．そこでは，比熱も形式的に負になり，エネルギー吸収すると温度が下がることになる．そのため，安定な熱平衡状態が存在できなくなる．つまり，正常な熱平衡状態が議論できなくなる．このような状況は非平衡現象としては興味深いが，ここでは考察しない．

例題 2.2 式 (2.50) を導け．

(解)

$$
\begin{aligned}
&\frac{\partial}{\partial E}\left(\frac{N+E/h}{2}\right)\log\left(\frac{N+E/h}{2}\right)\\
&\quad=\frac{1}{2h}\log\left(\frac{N+E/h}{2}\right)+\left(\frac{N+E/h}{2}\right)\frac{1}{h}\frac{1}{N+E/h}\\
&\quad=\frac{h}{2}\log\left(\frac{N+E/h}{2}\right)+\frac{1}{2h}
\end{aligned}
$$

および

$$
\begin{aligned}
&\frac{\partial}{\partial E}\left(\frac{N-E/h}{2}\right)\log\left(\frac{N-E/h}{2}\right)\\
&\quad=-\frac{1}{2h}\log\left(\frac{N-E/h}{2}\right)+\left(\frac{N-E/h}{2}\right)\frac{-1}{h}\frac{1}{N-E/h}\\
&\quad=-\frac{h}{2}\log\left(\frac{N-E/h}{2}\right)-\frac{1}{2h}
\end{aligned}
$$

より

$$
\frac{\partial S}{\partial E}=\frac{1}{T}=\frac{k_{\mathrm{B}}}{2h}\log\left(\frac{N-E/h}{N+E/h}\right)
$$

である． ◁

3 カノニカル分布

ミクロカノニカル集合では，独立変数をエネルギー E，体積 V，粒子数 N としたが，次に，独立変数を温度 T，体積 V，粒子数 N とした場合の統計力学の方法を考えよう．

熱力学の基礎方程式 (2.24) より，

$$dE = TdS - PdV + \mu dN \tag{3.1}$$

に対し，**Legendre** (ルジャンドル) **変換**

$$E \to E - TS$$

を行い，

$$d(E - TS) = -SdT - PdV + \mu dN \tag{3.2}$$

が得られる．これは独立変数を温度 T，体積 V，粒子数 N に変更したことに相当する．ここで現れた熱力学関数

$$F = E - TS \tag{3.3}$$

は **Helmholtz** (ヘルムホルツ) **の自由エネルギー**と呼ばれる．

さらに，独立変数を温度 T，圧力 P に変更すると，熱力学関数は，

$$G = E - TS + PV, \quad d(E - TS + PV) = -SdT + VdP + \mu dN \tag{3.4}$$

となる．これは **Gibbs** (ギブズ) **の自由エネルギー**と呼ばれる．**Gibbs–Duhem** (ギブズ–デュエム) **の関係**[*1]

$$E = TS - PV + \mu N \tag{3.5}$$

を用いると，

$$G = N\mu \tag{3.6}$$

と書けることがわかる[*2]．

---

*1　内部エネルギー E が示量性変数の関数である，つまり $aE(S,V,N) = E(aS,aV,aN)$ であることから導かれる．熱力学の教科書[1~3]参照．

*2　内部エネルギーを表す変数として，熱力学では通常 U が用いられるが，ここでは E を用いる．

ここで，式 (3.5) と式 (3.1) から，Gibbs–Duhem の関係の微分形

$$-SdT + VdP - Nd\mu = 0 \tag{3.7}$$

が得られる．この関係は，示強性変数 (T, P, μ) は独立に変化できないことを示している．この関係も Gibbs–Duhem の関係と呼ばれる．

3.1　カノニカル集合の方法

ミクロカノニカル分布で二つの系の接触を考えたが，カノニカル集合では A を注目しているシステムとし，系 B を十分大きくとり，系 A との熱のやりとりでその温度が変わらない場合を考える．このような場合，系 B は**熱浴**と呼ばれる．系 B の温度 T

$$\frac{d\log W_B(E_{\rm B})}{dE_{\rm B}} = \frac{1}{k_{\rm B}T} \tag{3.8}$$

がカノニカル集合で独立変数として扱われる「温度」である．ここで，

$$E_{\rm A} \ll E \tag{3.9}$$

として式 (2.3) を展開してみよう．系 A，系 B のエントロピーをそれぞれ $S_{\rm A}(E_{\rm A})$，$S_{\rm B}(E_{\rm B})$ として，

$$\begin{aligned} P(E_{\rm A}) &\propto W_{\rm A}(E_{\rm A})e^{S_{\rm B}(E-E_{\rm A})/k_{\rm B}} \\ &\sim W_{\rm A}(E_{\rm A})\exp\left[\left(S_{\rm B}(E) - \frac{dS_{\rm B}}{dE}E_{\rm A}\right)/k_{\rm B}\right] \\ &\propto W_{\rm A}(E_{\rm A})\exp\left(-\frac{E_{\rm A}}{k_{\rm B}T}\right) \end{aligned} \tag{3.10}$$

ここで，

$$\frac{1}{T} = \frac{dS_{\rm B}}{dE} \tag{3.11}$$

とした．つまり，温度 T は熱浴の温度である．

この式が意味するところは，温度 T の熱浴と接している系 A がエネルギー $E_{\rm A}$ をもつ確率は，系 A でのエネルギー $E_{\rm A}$ の状態数 $W_{\rm A}(E_{\rm A})$ に因子 $\exp(-E_{\rm A}/k_{\rm B}T)$ をかけた量に比例するというものである．エネルギー $E_{\rm A}$ をもつ $W_{\rm A}(E_{\rm A})$ 個の状態は等重率の原理において対等である．そのため，エネルギー $E_{\rm A}$ をもつ各状態

i は $\exp(-E_{\mathrm{A}}/k_{\mathrm{B}}T)$ に比例して現れる．つまり，

$$p(i) = \frac{e^{-\beta E(i)}}{\displaystyle\sum_{\text{すべての状態 } i} e^{-\beta E(i)}}, \qquad E(i) = E_{\mathrm{A}} \tag{3.12}$$

である．このように熱平衡状態で状態の出現確率は $e^{-\beta E(i)}$ に比例する．この因子 $e^{-\beta E(i)}$ は **Boltzmann 因子**と呼ばれる．系 A を注目している系，あるいは単に系またはシステムと呼ぶ．系のエネルギー E_{A} をもつ状態の出現確率が，このように与えられる集合は，カノニカル集合と呼ばれる．この集合において物理量の平均は，状態 i のエネルギーを $E(i)$ として，

$$\langle A \rangle_T = \frac{\displaystyle\sum_{\text{すべての状態 } i} A(i) e^{-\beta E(i)}}{\displaystyle\sum_{\text{すべての状態 } i} e^{-\beta E(i)}} \tag{3.13}$$

で与えられる．このようにして熱力学的関係を得る方法をカノニカル集合の方法という．

3.2 分 配 関 数

式 (3.13) の分母はカノニカル分布の方法で重要な役割をはたし，**分配関数**と呼ばれ，通常 Z で表される．

$$Z = \sum_{\text{すべての状態 } i} e^{-\beta E(i)} \tag{3.14}$$

この関数の対数をとり β で微分すると，

$$\frac{d \log Z}{d\beta} = \frac{dZ/d\beta}{Z} = -\frac{\displaystyle\sum_S E(i) e^{-\beta E(i)}}{\displaystyle\sum_S e^{-\beta E(i)}} = -\langle E \rangle \tag{3.15}$$

であるから，熱力学的関係

$$\frac{d(\beta F)}{d\beta} = E \tag{3.16}$$

を考慮すると，

$$F = -k_{\mathrm{B}} T \log Z \tag{3.17}$$

の関係があることがわかる．

一般にある物理量 A の期待値を計算しようとする場合には，A に共役な外場 α を用いて，ハミルトニアンに $-\alpha A$ の項を付け加え，

$$\mathcal{H} - \alpha A, \quad \text{つまり}, \quad E(i,\alpha) = E(i) - \alpha A(i) \tag{3.18}$$

とし分配関数を，

$$Z(\alpha) = \sum_i e^{-\beta E(i) + \beta\alpha A(i)} \tag{3.19}$$

として求める．そして，

$$\frac{d\log Z(\alpha)}{d\alpha} = \beta\frac{d\log Z(\alpha)}{d(\beta\alpha)} = \beta\frac{\sum_S A(i)e^{-\beta E(i)}}{\sum_S e^{-\beta E(i,\alpha)}}$$

より，

$$\langle A(\alpha)\rangle = \beta^{-1}\frac{d\log Z(\alpha)}{d\alpha} \tag{3.20}$$

として A の期待値が得られる．関係 (3.17) を用いると，

$$\langle A(\alpha)\rangle = -\frac{d}{d\alpha}F(T,\alpha) \tag{3.21}$$

と書くこともできる．さらに A の期待値の外場 α に対する依存性は，

$$\begin{aligned}\chi_{AA}(\alpha) &\equiv \frac{d\langle A\rangle}{d\alpha} = \beta^{-1}\times\beta^2\frac{d}{d(\beta\alpha)}\left(\frac{d\log Z(\alpha)}{d(\beta\alpha)}\right)\\ &= \beta\left(\frac{d^2Z/d(\beta\alpha)^2}{Z} - \frac{(dZ/d(\beta\alpha))^2}{Z^2}\right) = \frac{\langle A^2\rangle - \langle A\rangle^2}{k_{\mathrm{B}}T}\end{aligned} \tag{3.22}$$

で与えられる．この関係は応答関数と呼ばれる．式 (3.22) は A の熱平衡分布での分散になっており，外場に対する応答が，熱平衡状態でのゆらぎの大きさに比例することがわかる．この関係は **Kirkwood** (カークウッド) **の関係**と呼ばれる．

一般に A の n 次の平均 $\langle A^n\rangle$ は n 次の**モーメント**と呼ばれる．この量は系の大きさを b 倍すると b^n 倍になり $n=1$ 以外は示量的な量ではない．それに対し，$\log Z(\alpha)$ を α で n 回微分してできる量は，自由エネルギーを示強性の量で微分しているわけであるから，必ず示量的である．たとえば χ_{AA} で $\langle A^2\rangle$，$\langle A\rangle^2$ はそれぞれ b^2 に比例するが，それらは互いに打ち消しあって，全体では示量的になっている．一般に，$\log Z(\alpha)$ を $\beta\alpha$ で n 回微分してできる量は n 次の**キュムラント**と呼ばれる．低次のキュムラントは次のようになる．

$$
\begin{aligned}
\langle A\rangle_{\rm c} &= \langle A\rangle \\
\langle A^2\rangle_{\rm c} &= \langle A^2\rangle - \langle A\rangle^2 \\
\langle A^3\rangle_{\rm c} &= \langle A^3\rangle - 3\langle A^2\rangle\langle A\rangle + 2\langle A\rangle^3 \\
\langle A^4\rangle_{\rm c} &= \langle A^4\rangle - 4\langle A^3\rangle\langle A\rangle + 12\langle A^2\rangle\langle A\rangle^2 - 3\langle A^2\rangle\langle A^2\rangle - 6\langle A\rangle^4
\end{aligned}
\tag{3.23}
$$

分布関数を特徴付ける量として，**積率**[*3]と呼ばれる量も定義されている．k 次の積率 μ_k は，

$$
\mu_k \equiv \langle (A - \langle A\rangle)^k\rangle \tag{3.24}
$$

で定義される．$k = 1, 2, 3, 4$ はそれぞれ，**期待値**，**分散**，**歪度** (わいど)，**尖度**と呼ばれる．$k = 3$ までは $\langle A^k\rangle_{\rm c} = \mu_k$ であるが，4 次以上では違いがでる．たとえば，$\langle A^4\rangle_{\rm c} = \mu_4 - 3\mu_2^2$ である．Gauss 分布では $\langle A^4\rangle_{\rm c} = 0$ であり，$\mu_4/\mu_2^2 = 3$ となる．

例題 3.1 エネルギーの分布は $e^{-\beta E}$ と単調な分布であるにもかかわらず，N が大きいとき，1 自由度あたりのエネルギー E/N の期待値は，熱力学的極限では有限値となる．その仕組みを，エネルギー，エントロピーの示量性を用いて説明せよ．

(解) $E = N\varepsilon$，$S(E) = Ns(\varepsilon)$ として，

$$
\langle E\rangle = \frac{\sum\limits_E EW(E)e^{-\beta E}}{\sum\limits_E W(E)e^{-\beta E}} = \frac{\int d\varepsilon N\varepsilon e^{N\left(\frac{s(\varepsilon)}{k_{\rm B}} - \beta\varepsilon\right)}}{\int d\varepsilon e^{N\left(\frac{s(\varepsilon)}{k_{\rm B}} - \beta\varepsilon\right)}}
$$

これを N が大きいとして鞍点法で評価すると，$s(\varepsilon)$ が ε の単調増加関数であるため，ε の分布は，

$$
\frac{\partial}{\partial\varepsilon}\left(\frac{s(\varepsilon)}{k_{\rm B}} - \beta\varepsilon\right) = 0
$$

の解で極大となる．そして，その分布はその周りに $\sqrt{N}$ の程度の広がりをもつものとなる． ◁

3.3 理想気体 (カノニカル分布の方法)

体積 V に閉じ込められている N 個の単原子分子からなる理想気体のハミルトニアンを，

*3 前頁で出てきた $\langle A^k\rangle$ もモーメントと呼ぶが違うものである．

$$\mathcal{H} = \sum_{i=1}^{N} \frac{1}{2m}\boldsymbol{p}_i^2 \tag{3.25}$$

とする．このとき分配関数は，

$$Z = C^{-N}\left[\prod_{i=1}^{N}\int d\boldsymbol{p}_i \int_V d\boldsymbol{r}_i\right] e^{-\beta\sum_{i=1}^{N}\frac{1}{2m}\boldsymbol{p}_i^2} \tag{3.26}$$

ここで，

$$\int d\boldsymbol{p}_i = \int_{-\infty}^{\infty} dp_i^x \int_{-\infty}^{\infty} dp_i^y \int_{-\infty}^{\infty} dp_i^z, \quad \int_V d\boldsymbol{r}_i = \int_V dx_i \int_V dy_i \int_V dz_i \tag{3.27}$$

を意味する．また，$\int_V$ は容器内の場所に関する積分であることを表している．

$$\int_{-\infty}^{\infty} dp_i^x e^{-\beta\frac{1}{2m}(p_i^x)^2} = \sqrt{2\pi m k_{\mathrm{B}} T} \tag{3.28}$$

および，

$$\int dx_i \int dy_i \int dz_i = V \tag{3.29}$$

を用いると，

$$Z = C^{-N}\left(\sqrt{2\pi m k_{\mathrm{B}} T}\right)^{3N} V^N \tag{3.30}$$

となる．自由エネルギーは，

$$F = -k_{\mathrm{B}}T\log Z = k_{\mathrm{B}}TN\log C - k_{\mathrm{B}}T\frac{3}{2}N\log(2\pi m k_{\mathrm{B}}T) - k_{\mathrm{B}}TN\log V \tag{3.31}$$

となる．これから，圧力 P は，

$$P = -\frac{\partial F}{\partial V} = k_{\mathrm{B}}TN \times \frac{1}{V} \tag{3.32}$$

であり，理想気体の状態方程式

$$PV = Nk_{\mathrm{B}}T \tag{3.33}$$

が得られる．また，もう一つの状態方程式は，

$$\langle E\rangle = -\frac{\partial \log Z}{\partial \beta} = \frac{3}{2}Nk_{\mathrm{B}}T \tag{3.34}$$

で与えられる．通常の測定可能な物理量に関する状態方程式は，上のようにして求められるが，少し注意すべき問題が残っている．

3.3.1 同種粒子と示量性

エントロピーを計算すると,

$$S = -\frac{\partial F}{\partial T} = k_\mathrm{B} N \left(-\log C + \frac{3}{2}\log(2\pi m k_\mathrm{B} T) + \log V \right) + \frac{3}{2} N k_\mathrm{B} \tag{3.35}$$

となるが,この中で $N \log V$ は N に比例しない.つまり,エントロピーが**示量的**になっていない.実は,式 (3.31) の自由エネルギー F も示量的でなかったのである.

この問題は,2.5 節でミクロカノニカル集合の方法で理想気体を考えたときにも現れた.そこでは,この困難を避けるために,同種粒子は区別できないという考えを導入した.ここでも,同様に同じ位置,速度 ($\{x_i.y_i, z_i, p_i^x.p_i^y, p_i^z\}$) で与えられる状態は,粒子数の名前の配置にかかわらず一つの状態とみなすことでこの問題を回避する.分配関数はこれらのすべての状態について和をとる.上で現れた分配関数 (3.30) では,それぞれの粒子がいろいろな場所にいることを独立に数えているので同種粒子を区別する立場である.同種粒子は区別できないとすると,上の分配関数の計算では,2.5 節で考察したように,粒子の位置に関する場合の数を $N!$ 回数えすぎていることになる.そこで,ミクロカノニカル集合の方法のところで考えたように,

$$\prod_{i=1}^{N} \int dx_i \int dy_i \int dz_i \to \frac{1}{N!} \prod_{i=1}^{N} \int dx_i \int dy_i \int dz_i \tag{3.36}$$

とすると,

$$Z = C^{-N} \left(\sqrt{2\pi m k_\mathrm{B} T} \right)^{3N} V^N / N! \tag{3.37}$$

このとき,自由エネルギーは,

$$F = -k_\mathrm{B} T \log Z = N k_\mathrm{B} T \log C - k_\mathrm{B} T \frac{3}{2} N \log(2\pi m k_\mathrm{B} T) - k_\mathrm{B} T \log(V^N / N!) \tag{3.38}$$

となる.N が大きいときの,Stirling の公式を用いると,

$$\begin{aligned} F &= -k_\mathrm{B} T \log Z \\ &= N k_\mathrm{B} T \log C - k_\mathrm{B} T \frac{3}{2} N \log(2\pi m k_\mathrm{B} T) - k_\mathrm{B} T N \log(V/N) - k_\mathrm{B} T N \end{aligned} \tag{3.39}$$

となり,示量性が回復する.この場合,エントロピーももちろん示量的になり,$E/N = 3k_\mathrm{B} T/2$ であるので,ミクロカノニカル集団の方法で求めた式 (2.42) に一致する.

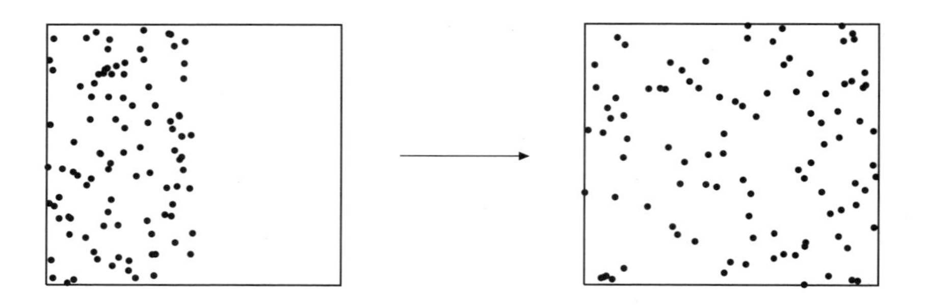

図 **3.1**　気体の拡散

化学ポテンシャル μ は,

$$\mu = \frac{\partial F}{\partial N} = -k_{\mathrm{B}}T\frac{3}{2}\log(2\pi m k_{\mathrm{B}}T) - k_{\mathrm{B}}T(\log(V/N) - 1) - k_{\mathrm{B}}T + k_{\mathrm{B}}T\log C$$
$$= -k_{\mathrm{B}}T\left(\frac{3}{2}\log(2\pi m k_{\mathrm{B}}T) + \log(V/N) - \log C\right) \tag{3.40}$$

となり，これもミクロカノニカル集合の方法で求めた式 (2.41) に一致する．

3.3.2　Gibbs のパラドックス

上で考えた同種粒子に関する考察を加えないと，エントロピーがおかしい振る舞いをする．たとえば，ある瞬間，容器の左半分にいる粒子に注目し，その運動を追うと系全体に拡散していく (図 3.1)．この過程では体積が 2 倍になるからエントロピーは $\Delta S = N/2\log 2$ 増大する (図 3.1)．右半分の粒子にとっても同様である．

そのため，系全体ではエントロピーは,

$$\Delta S = N\log 2 \tag{3.41}$$

だけ増えたことになる．これを繰り返すとエントロピーは無限に増え続けることになる．この齟齬は **Gibbs のパラドックス**と呼ばれる．これは本質的に区別できない粒子を「区別できる」として取り扱うために生じるものである．

3.4 混合エントロピー

この問題を，実際に区別できる粒子ではどのように現れるか考えてみよう．いま，たとえば空気が酸素分子と窒素分子からなっているようにミクロには区別できる 2 種類の粒子 A,B からなる理想気体を考えよう．それぞれの粒子数を $N/2$ とする．これらが，それぞれ $V/2$ の体積の中に別々にある場合 (図 3.2 左)，A 粒子理想気体，B 粒子理想気体は互いに独立であるので，それぞれの系で圧力は，

$$P_\mathrm{A}\frac{V}{2} = \frac{N}{2}k_\mathrm{B}T \quad P_\mathrm{B}\frac{V}{2} = \frac{N}{2}k_\mathrm{B}T \tag{3.42}$$

であり，全系では，

$$P = P_\mathrm{A} = P_\mathrm{B} = \frac{Nk_\mathrm{B}T}{V} \tag{3.43}$$

また，エネルギーも同様に，

$$\langle E\rangle_\mathrm{A} = \frac{3}{2}\frac{N}{2}k_\mathrm{B}T, \quad \langle E\rangle_\mathrm{B} = \frac{3}{2}\frac{N}{2}k_\mathrm{B}T, \quad \langle E\rangle = \langle E\rangle_\mathrm{A} + \langle E\rangle_\mathrm{B} = \frac{3}{2}Nk_\mathrm{B}T \tag{3.44}$$

であり，区別した場合と同じであり，結果は区別できるかどうかに関係ない．それに対し，エントロピーは区別できない場合の S に比べて，

$$S_\mathrm{A} + S_\mathrm{B} = S - k_\mathrm{B}N\log 2 \tag{3.45}$$

であり，

$$\Delta S = k_\mathrm{B}N\log 2 \tag{3.46}$$

だけ少ない．これを Gibbs のパラドックスで考えたように混合すると (図 3.2)，エントロピーは $k_\mathrm{B}N\log 2$ 増え，区別できないものに一致する．この増加はパラドックスではなく，真のエントロピー増加であり，**混合のエントロピー**と呼ばれる．

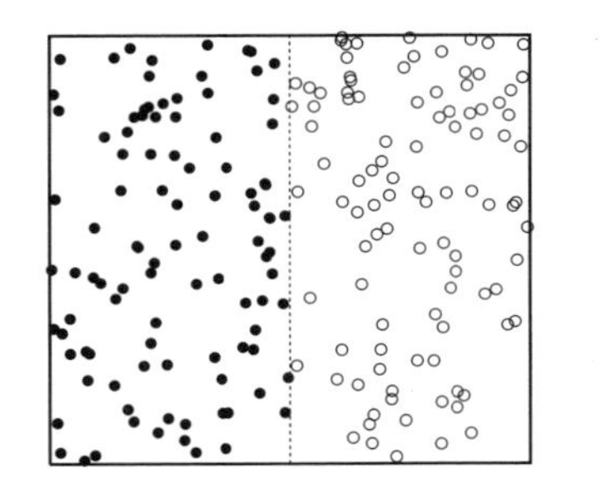
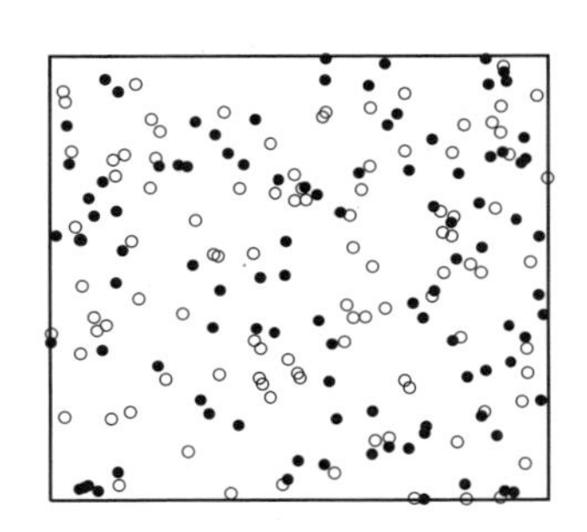

図 **3.2** 気体の混合

3.4.1　混合のエントロピーと仕事

混合した状態をもとの状態に戻すことを考えてみよう．そのためには図 3.3 のように粒子 B を通さず粒子 A だけ通す膜 (左側) と，粒子 A を通さず粒子 B だけ通す膜 (右側) を用意し，容器の両側から中心まで移動させる．粒子 A だけ通す膜は動かす過程で，粒子 B からの圧力に抗して仕事をするために上の過程で必要なエネルギーは，

$$W_{\mathrm{A}} = \int_{V}^{V/2} -P_{\mathrm{A}}(v)dv = -\int_{V}^{V/2} \frac{\frac{N}{2}k_{\mathrm{B}}T}{v}dv = \frac{N}{2}k_{\mathrm{B}}T\log 2 \tag{3.47}$$

である．粒子 B だけ通す膜についても同様であるので，全体で必要な仕事は，

$$W = Nk_{\mathrm{B}}T\log 2 \tag{3.48}$$

である．これは混合によるエントロピーの変化 ΔS による Gibbs の自由エネルギーの変化 $T\Delta S$ と一致する．このプロセスからわかるように，区別できる粒子を混合状態から分離状態に戻すには混合のエントロピーによる Gibbs の自由エネルギーの変化と同じ仕事をしなくてはならない．その仕事によってエントロピーは減少する．このことはエントロピーが情報と密接な関係をもっていることを示

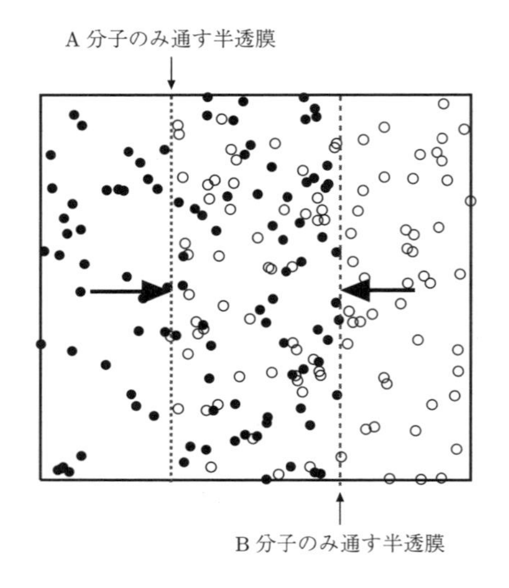

図 **3.3**　混合気体の分離

している．実際，2 種類の粒子 A,B からなる理想気体でも，粒子を区別する方法をもたない場合は混合のエントロピーは考える必要はない．

3.4.2 混 合 気 体

多種類の理想気体 (A,B,$\cdots$,M) が混合したときのエントロピーの増加は 2 種類の混合の場合を拡張して求められる．たとえば粒子 A の粒子数を $N_{\rm A}$ などとすると，

$$\Delta S_{\rm A} = N_{\rm A} k_{\rm B} \log \frac{N}{N_{\rm A}}, \quad N = N_{\rm A} + N_{\rm B} + \cdots + N_{\rm M} \tag{3.49}$$

各気体の種類の密度として，

$$x_i = \frac{N_i}{N}, \quad i = {\rm A}, {\rm B}, \cdots, {\rm M} \tag{3.50}$$

と定義すると，混合のエントロピーは，

$$\Delta S = -k_{\rm B} \sum_{i={\rm A}}^{\rm M} N_i \log x_i \tag{3.51}$$

となる．混合した場合の Gibbs の自由エネルギー (3.4) は各気体の単独での化学ポテンシャルを μ_i^0 として，

$$G = \sum_i n_i \mu_i^0 - k_{\rm B} T \sum_{i={\rm A}}^{\rm M} N_i \log x_i \tag{3.52}$$

で与えられる．ここで n_i は i 番目の粒子の個数 $n_i = x_i N$ である．種類間で化学反応がある場合の平衡状態での密度比はこの混合系の Gibbs の自由エネルギー G を最小化することで求められる (質量作用の法則：熱力学の教科書[1~3]参照)．

3.5 希 薄 溶 液

混合のエントロピーは理想気体のみならず，いろいろな混合状態で重要な役割を果たす．その例として溶質が溶媒の中に希薄に混合している場合の沸点上昇や凝固点降下，浸透圧について調べてみよう．

3.5.1　沸　点　上　昇

沸騰とは，溶媒分子の気相と液相が 2 相共存状態になっている状態である．混合がない場合の溶媒の気相，液相での化学ポテンシャルをそれぞれ μ_g^0，μ_l^0 とし，溶質は気相には出てこないとする．

2 相共存状態の条件は両相で化学ポテンシャルが等しいことであり，純粋系での沸点を T_0 とすると，

$$\mu_g^0(T_0, P) = \mu_l^0(T_0, P) \tag{3.53}$$

である．液相に溶質が混合した系では，溶質の濃度を x とすると溶媒の濃度は $(1-x)$ であり，式 (3.52) により $\mu_l^0(T,P) \to \mu_l^0(T,P) + k_\mathrm{B}T\log(1-x)$ であり，溶質を混合した後の化学ポテンシャルは，

$$\mu_g(T_0, P) = \mu_g^0(T, P), \quad \mu_l(T_0, P) = \mu_l^0(T, P) + k_\mathrm{B}T\log(1-x) \tag{3.54}$$

である．沸騰状態ではこの気相，液相の化学ポテンシャルと等しいので，

$$\mu_g^0(T, P) = \mu_l^0(T, P) + k_\mathrm{B}T\log(1-x) \tag{3.55}$$

となる．この関係を $T = T_0$ の周りで展開すると，

$$\left(\frac{\partial \mu_g}{\partial T}\right)_P (T - T_0) = \left(\frac{\partial \mu_l}{\partial T}\right)_P (T - T_0) + k_\mathrm{B}T\log(1-x) \tag{3.56}$$

であり，関係

$$\left(\frac{\partial \mu}{\partial T}\right)_P = -S \tag{3.57}$$

を用いると，**沸点上昇**は，

$$\Delta T = T - T_0 = \frac{k_\mathrm{B}T\log(1-x)}{S_l(T_0,P) - S_g(T_0,P)} \simeq \frac{k_\mathrm{B}T_0^2 x}{\Delta Q} \tag{3.58}$$

となる．ここで沸騰の際の潜熱が $\Delta Q = T_0\left(S_g(T_0,P) - S_l(T_0,P)\right)$ であることを用いた．同様な考察で**凝固点降下**についても同様な表式が得られる．

3.5.2　浸　透　圧

溶質だけを通さない膜 (半透膜) で溶媒が隔てられている場合を考えよう (図 3.4)．この場合の平衡条件は，溶媒がない場合の共存圧力を P_0，溶質の濃度を x として，

$$\mu_l(T, P_0) - \mu_l(T, P) = k_\mathrm{B}T\log(1-x) \tag{3.59}$$

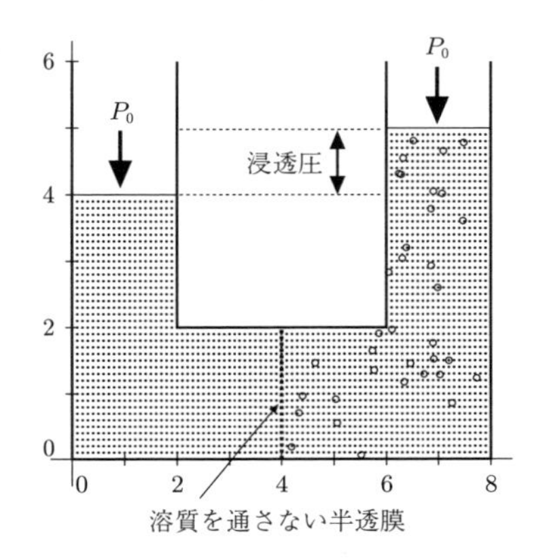

図 3.4 浸透圧

であり，ここで $P-P_0$ で展開すると，

$$\left(\frac{\partial \mu_l}{\partial P}\right)_T (P_0-P) = V(P_0-P) = k_{\mathrm{B}}T\log(1-x) = -k_{\mathrm{B}}Tx \tag{3.60}$$

となり，溶質による**浸透圧**は，

$$\Delta P \simeq \frac{k_{\mathrm{B}}T}{V}x \tag{3.61}$$

で与えられる．

3.6 Maxwell の速度分布関数

これまで，理想気体の熱力学量について調べてきたが，ここで温度 T で熱平衡状態にあるときの分子の速度分布関数の特徴について調べておこう．カノニカル分布

$$P(p_x,p_y,p_z)dp_xdp_ydp_z = \left(\frac{1}{2m\pi k_{\mathrm{B}}T}\right)^{\frac{3}{2}} e^{-\frac{p_x^2+p_y^2+p_z^2}{2mk_{\mathrm{B}}T}}dp_xdp_ydp_z \tag{3.62}$$

を速度の分布に直し，速度が $(v_x,v_y,v_z)\sim(v_x;dv_x,v_y+dv_y,v_z+dv_z)$ にある確率は，

$$P(v_x,v_y,v_z)dv_xdv_ydv_z = \frac{1}{Z_1}e^{-\frac{m}{2k_{\mathrm{B}}T}(v_x^2+v_y^2+v_z^2)}dv_xdv_ydv_z, \quad Z_1=\left(\frac{2\pi k_{\mathrm{B}}T}{m}\right)^{\frac{3}{2}} \tag{3.63}$$

となる．この分布は **Maxwell** (マクスウェル) **の速度分布関数**と呼ばれる．速度の大きさに関しては，

$$P(v_x, v_y, v_z)dv_x dv_y dv_z = P(v\sin\theta\cos\phi, v\sin\theta\sin\phi, v\cos\theta)d\phi\sin\theta d\theta v^2 dv \tag{3.64}$$

であるので，速さ v に関する分布は，

$$\begin{aligned} P(v)dv &= \int_0^{2\pi} d\phi \int_0^{\pi} \sin\theta d\theta v^2 dv P(v\sin\theta\cos\phi, v\sin\theta\sin\phi, v\cos\theta) \\ &= 4\pi v^2 \left(\frac{m}{2\pi k_{\mathrm{B}}T}\right)^{\frac{3}{2}} e^{-\frac{mv^2}{2k_{\mathrm{B}}T}} dv \end{aligned} \tag{3.65}$$

となる．これも Maxwell の速度分布関数と呼ばれる．この分布を図 3.5 に示す．

この分布に関していくつかの特徴的な平均速度がある．まず，速度の平均

$$v_1 = \langle v \rangle = \int_0^\infty vP(v)dv = \sqrt{\frac{8k_{\mathrm{B}}T}{m\pi}} \tag{3.66}$$

次に，平均二乗速度 $\sqrt{\langle v^2 \rangle}$

$$\langle v^2 \rangle = \int_0^\infty v^2 P(v)dv = \frac{3k_{\mathrm{B}}T}{m} \to v_2 = \sqrt{\langle v^2 \rangle} = \sqrt{\frac{3k_{\mathrm{B}}T}{m}} \tag{3.67}$$

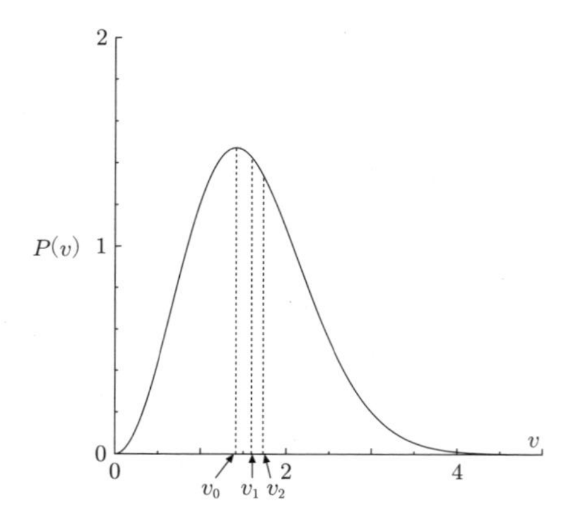

図 **3.5**　Maxwell の速度 (速さ) 分布
横軸の単位は $\sqrt{k_{\mathrm{B}}T/m}$.

さらに，もう一つの特徴的な速さとして，分布関数の最大値を与える速さ

$$\left.\frac{dP(v)}{dv}\right|_{v=v_{\max}} = 0 \to v_0 = v_{\max} = \sqrt{\frac{2k_{\mathrm{B}}T}{m}} \tag{3.68}$$

がある．

ちなみに，300 K (摂氏 27 度) の場合の空気中の窒素 (窒素分子：$m = 18\,\mathrm{g\,mol^{-1}}$) では，

$$\sqrt{\frac{2k_{\mathrm{B}}T}{m}} = \sqrt{\frac{2 \times 1.38 \times 10^{-23}\,(\mathrm{J\,K^{-1}}) \times 300\,(\mathrm{K})}{28 \times 10^{-3}/6.02 \times 10^{23}\,(\mathrm{kg})}} \sim 4.2 \times 10^2\,(\mathrm{m\,s^{-1}}) \tag{3.69}$$

である．

例題 3.2 温度 T の熱平衡状態にある理想気体が閉じ込められ容器に，面積 A の小さな穴を開けた場合に，そこから噴出してくる単位時間あたりの粒子数を求めよ．

(解) 穴は z 軸に垂直な面にあるとする．速度 $(v_x, v_y, v_z) \sim (v_x + dv_x, v_y + dv_y, v_z + dv_z)$ をもつ粒子数が単位時間内に，穴を通過するためには，穴から (v_x, v_y, v_z) の方向にある筒状の領域にいなくてはならない．その数は，気体の密度を ρ とすると，

$$\rho P(v_x, v_y, v_z) A v_z dv_x dv_y dv_z \tag{3.70}$$

であるので，単位時間あたりに通過する粒子数 n は，

$$\begin{aligned} n &= A\rho \int_0^\infty dv_z \int_{-\infty}^\infty dv_x \int_{-\infty}^\infty dv_y v_z \left(\sqrt{\frac{m}{2\pi k_{\mathrm{B}}T}}\right)^3 e^{-\frac{m}{2k_{\mathrm{B}}T}(v_x^2+v_y^2+v_z^2)} \\ &= A\rho\sqrt{\frac{k_{\mathrm{B}}T}{2\pi m}} \end{aligned} \tag{3.71}$$

である．この量は $\rho\sqrt{T}$ に比例し，系の圧力

$$p = Nk_{\mathrm{B}}T/V = \rho k_{\mathrm{B}}T \tag{3.72}$$

に比例しない．このため，二つの容器をそれぞれ温度，T_1，T_2 に保ち，小さな穴で結合したとき，それぞれから反対側に穴を通過する粒子数が釣り合ったときに平衡に達するから，圧力は

$$\frac{p_1}{p_2} = \sqrt{\frac{T_1}{T_2}} \tag{3.73}$$

の関係となる．このような状況は分子間の衝突が無視できるくらいに気体が希薄の場合に現れ，**Knudsen** (クヌーセン) **領域**と呼ばれる． ◁

3.7　調 和 振 動 子

次に，N 個の独立な x 方向のみに運動する調和振動子からなる系を考えよう．i 番目の質点の質量を m_i，ばね定数を $k_i(i=1,2,\cdots,N)$ とする．この系のハミルトニアンは，

$$\mathcal{H}=\sum_i\left(\frac{p_i^2}{2m_i}+\frac{k_ix_i^2}{2}\right) \tag{3.74}$$

で与えられる．この系の分配関数は，

$$\begin{aligned} Z&=\prod_i\left[\int_{-\infty}^{\infty}dp_i\int_{-\infty}^{\infty}dx_ie^{-\beta\left(\frac{p_i^2}{2m_i}+\frac{k_ix_i^2}{2}\right)}\right]\\ &=\left[\int_{-\infty}^{\infty}dpe^{-\frac{\beta}{2m_i}p^2}\int_{-\infty}^{\infty}dxe^{-\frac{\beta k_i}{2}x^2}\right]^N \end{aligned} \tag{3.75}$$

で与えられる．ここで積分公式

$$\int_{-\infty}^{\infty}dxe^{-ax^2}=\sqrt{\frac{\pi}{a}} \tag{3.76}$$

を用いると，

$$Z=\left[\sqrt{\frac{2m_i\pi}{\beta}}\sqrt{\frac{2\pi}{\beta k_i}}\right]^N \tag{3.77}$$

これより内部エネルギーを求めると，

$$E=-\frac{d\log Z}{d\beta}=\frac{N}{\beta}=Nk_{\mathrm{B}}T \tag{3.78}$$

となり，内部エネルギーは個々のばねのばね定数や質量によらず，Boltzmann 定数のばねの個数倍になっていることがわかる．また，一つの調和振動子からの比熱への寄与は，

$$C_1=k_{\mathrm{B}} \tag{3.79}$$

である．この結果はいわゆる**エネルギーの等分配則**の典型例となっている．つまり，運動量，位置座標の各自由度ごとに $1/2k_{\mathrm{B}}T$ のエネルギーを与えたことになっている．

3.7.1　二 次 形 式

系のハミルトニアンが多数の自由度の**二次形式**で与えられる場合を考えよう．二次形式とは変数の二次の項からなる多項式である．変数を $\{x_i\},i=1,\cdots,N$ と

すると，

$$A = \sum_{i \neq j} c_{ij} x_i x_j \tag{3.80}$$

の形で与えられる．ここでは係数 c_{ij} は実数とする．

$$c_{ij} x_i x_j + c_{ji} x_j x_i = \frac{c_{ij} + c_{ji}}{2}(x_i x_j + x_j x_i) \tag{3.81}$$

なので，

$$c_{ij} = c_{ji} \tag{3.82}$$

として一般性を失わない．そこで c_{ij} を行列要素とする対称行列 C を用いて，

$$A =^t \boldsymbol{x} C \boldsymbol{x} \tag{3.83}$$

の形に書ける．実対称行列は直交行列 $U({}^tU = U^{-1})$ を用いて必ず対角化できる．

$$C\boldsymbol{v}_k = \lambda_k \boldsymbol{v}_k, \quad U^{-1}CU =^t UCU = \begin{pmatrix} \lambda_1 & 0 & \cdots & 0 \\ 0 & \lambda_2 & \cdots & 0 \\ & \vdots & & \\ 0 & 0 & \cdots & \lambda_N \end{pmatrix} \tag{3.84}$$

ここで，直交行列 U は C の固有ベクトルによって与えられる．

$$U = \begin{pmatrix} v_{11} & v_{12} & \cdots & v_{1N} \\ v_{21} & v_{22} & \cdots & v_{2N} \\ & \vdots & & \\ v_{N1} & v_{N2} & \cdots & v_{NN} \end{pmatrix}, \quad \boldsymbol{v}_k = \begin{pmatrix} v_{1k} \\ v_{2k} \\ \vdots \\ v_{Nk} \end{pmatrix} \tag{3.85}$$

このことから，新しい変数として

$$y_k = \sum_j U_{kj} x_j \tag{3.86}$$

を導入すると，

$$A = \sum_k \lambda_k y_k^2 \tag{3.87}$$

と独立な変数からの寄与の和となる．この独立な変数 $\{y_i\}, i = 1, \cdots, N$ は基準モードと呼ばれる．

このことから，任意の二次形式での結合をもつ微小振動のハミルトニアンは，その系の自由度の数の基準モードで与えられる調和振動子ポテンシャルの和で表せる*4.

3.7.2　固 体 の 比 熱

固体では，粒子は各平衡点 $(x_i^0, y_i^0, z_i^0), i = 1, 2, \cdots, N$ の周りで微小振動をしている．

$$x_i = x_i^0 + \delta x_i, \quad y_i = y_i^0 + \delta y_i, \quad z_i = z_i^0 + \delta z_i, \tag{3.88}$$

格子振動のエネルギーは，これらの微小振動の二次形式で与えられる．その二次形式で与えられるハミルトニアンは基準モードを用いて，

$$\mathcal{H} = \frac{1}{2m}\sum_{i=1}^{3N} p_i^2 + \sum_{i.j} c_{ij} x_i x_j = \frac{1}{2m}\sum_{i=1}^{3N} P_i^2 + \sum_{i=1}^{3N} \lambda_i Q_i^2 \tag{3.89}$$

と表せる．それぞれのモードの各振動数は，

$$\omega_i = \sqrt{\frac{2\lambda_i}{m}} \tag{3.90}$$

である．

調和振動子からの比熱への寄与は式 (3.79) より，ω_i によらず，k_{B} であるので固体の比熱は，基準モードの数が $3N$ であるので，系の詳細によらず，

$$C = 3Nk_{\mathrm{B}} \tag{3.91}$$

でとなる．この関係は **Dulong–Petit** (デュロン–プティ) **の法則**と呼ばれる．この結果は，5.8 節で説明する熱力学第三法則を満たさない．実際の固体の比熱は低温で 0 となる．その機構を説明するためには，量子力学が必要となる (7.2 節参照).

3.8　エネルギー等分配則

エネルギーの等分配則は，古典系での経験則として，各力学自由度に対し内部エネルギー $1/2k_{\mathrm{B}}T$ が与えられるとするものである．たとえば理想気体では運動

*4　基準モードという場合，運動エネルギー $\sum_{i=1}^{n} \frac{p_i^2}{2m_i}$ (m_i は i 番目の粒子の質量) も考えなくてはならない．m_i が i によらない場合は運動エネルギーの項は対角化された形に保たれ，基準モードを表す独立な調和振動子の和となる．m_i が i による場合には，もとの系で $p_i \to p_i' \times \sqrt{m_i}$, $x_i \to x_i'/\sqrt{m_i}$ と変換した表示に対して，ここで説明した操作をする必要がある．

量の 3 成分に対し，内部エネルギーは，

$$U_{\text{単分子理想気体}} = \frac{3}{2}Nk_{\mathrm{B}}T \tag{3.92}$$

であり，調和振動子系では Dulong–Petit の法則として座標，運動量の 6 成分に対し，

$$U_{\text{調和振動子系}} = 6 \times \frac{1}{2}Nk_{\mathrm{B}}T = 3Nk_{\mathrm{B}}T \tag{3.93}$$

であった．また，内部自由度がある理想気体では，回転，振動など自由度があるごとに $1/2k_{\mathrm{B}}T$ が加わることも容易に示せる．しかし，たとえば原子核内の振動にはなぜ $1/2k_{\mathrm{B}}T$ が与えられないのか，などが疑問になる．また，振動の自由度へのエネルギーの分配は高温にならないと起こらないこと，さらには固体の比熱は低温で減少することも観測されている．そのため，エネルギー等分配則は与えられた温度で“活きている自由度”に対してのみ分配されるといわなくてはならない．自由度が活きているか死んでいるかは，考えている現象のエネルギー規模と温度の関係で決まってくる．その問題を理解するためには，現象を量子力学的に正しく取り扱わなくてはならない (5 章で説明する)．エネルギー等分配則は考えている現象のエネルギー規模が温度に対して十分小さく，系が十分励起されているときに成り立つ近似的な性質である．

3.9 ビリアル定理

一般化座標 $\{q_i\}$ を用いて，古典的な系のハミルトニアンが，

$$\mathcal{H} = \sum_i \frac{1}{2}a_i(\{q_i\})p_i^2 + V(\{q_i\}) \tag{3.94}$$

の形をしている場合，その系が温度 T の熱浴に接しているときの運動エネルギー

$$K = \sum_i \frac{1}{2}a_i(\{q_i\})p_i^2 \tag{3.95}$$

の平均は，考えている系の位相空間 Γ での Gauss 積分により，

$$\langle K \rangle = \frac{\int_\Gamma dpdqKe^{-\beta\mathcal{H}}}{\int_\Gamma dpdqe^{-\beta\mathcal{H}}} = \frac{1}{2}k_{\mathrm{B}}T \tag{3.96}$$

である．

また，座標 q_i に対応する力を，

$$X_i = -\frac{\partial \mathcal{H}}{\partial q_i} \tag{3.97}$$

とすると，

$$\begin{aligned}\left\langle q_i \frac{\partial \mathcal{H}}{\partial q_j} \right\rangle &= \frac{\int_\Gamma dpdqq_i \frac{\partial \mathcal{H}}{\partial q_j} e^{-\beta\mathcal{H}}}{\int_\Gamma dpdqe^{-\beta\mathcal{H}}} = \frac{\int_\Gamma dpdqq_i \left(-k_\mathrm{B}T \frac{\partial e^{-\beta\mathcal{H}}}{\partial q_j}\right)}{\int_\Gamma dpdqe^{-\beta\mathcal{H}}} \\ &= k_\mathrm{B}T \frac{\int_\Gamma dpdq' \left[-q_i e^{-\beta\mathcal{H}}\right]_{q_j=-\infty}^{q_j=\infty} + \int_\Gamma dpdq \frac{dq_i}{dq_j} e^{-\beta\mathcal{H}}}{\int_\Gamma dpdqe^{-\beta\mathcal{H}}} = k_\mathrm{B}T\delta_{ij}\end{aligned} \tag{3.98}$$

である．ここで，dq' は位相積分の中で q_j に関する積分を除いたものである．また，$|q_i| = \infty$ では $q_i e^{-\beta\mathcal{H}} = 0$ であることを用いた．

N 個の粒子数からなる系の $3N$ 個の自由度について和をとると，

$$\left\langle \sum_{i=1}^{3N} q_i X_i \right\rangle = -3Nk_\mathrm{B}T \tag{3.99}$$

となる．この関係は**ビリアル定理**と呼ばれる．

分子間の相互作用が $U(\{q_j\})$ であるとき，分子が体積 V の容器に閉じ込められているとき，壁に及ぼす圧力 P の表式を求めておこう．

粒子 q_i にはたらく力は，相互作用による部分と，壁からの q_i 方向の力 F_i からなるので，

$$X_i = -\frac{\partial U(\{q_j\})}{\partial q_i} + F_i \tag{3.100}$$

である．ただし，F_i は壁の場所でのみはたらく．

上では座標を一般的に q_i $(i = 1, \cdots, 3N)$ としたが，3 次元の空間ベクトル $\boldsymbol{r}_j$ $(j = 1, \cdots, N)$ を用いて $(q_1, \cdots, q_{3N}) \to (\boldsymbol{r}_1, \cdots, \boldsymbol{r}_N)$ と書くことにする．対応する力も $(F_1, \cdots, F_{3N}) \to (\boldsymbol{F}_1, \cdots, \boldsymbol{F}_N)$ とする．$\boldsymbol{F}_s$ は粒子が壁から受ける力なので $-\boldsymbol{F}_s$ は粒子が壁を押す力である．

これらを壁全体でまとめると，

$$\left\langle \sum_{j=1}^{N} \boldsymbol{r}_j \cdot \boldsymbol{F}_j \right\rangle = \int_{\text{壁全体}} \boldsymbol{r} \cdot (-p\boldsymbol{n}) ds = -p \int_{\text{系全体}} \mathrm{div}\boldsymbol{r} dV = -3pV \tag{3.101}$$

となる．ここで表面積分と体積分に関する Gauss (ガウス) の定理を用いた．

これと上で求めた式 (3.99) を用いると，

$$PV = Nk_{\mathrm{B}}T - \frac{1}{3}\left\langle \sum_{j=1}^{3N} q_i \frac{\partial U(\{q_j\})}{\partial q_i} \right\rangle \tag{3.102}$$

であることがわかる．理想気体では $U=0$ であるので $PV = Nk_{\mathrm{B}}T$ となる．

3.10　カノニカル分布の方法の応用例

3.10.1　永久双極子をもつ剛体2原子分子の誘電率

大きさ μ の**永久双極子モーメント** μ をもつ剛体2原子分子の**誘電率**をカノニカル分布の方法を用いて調べてみよう．電場 E のもとでの永久双極子モーメントのハミルトニアンは電場とモーメントのなす角度を θ とすると，

$$\mathcal{H} = -E\sum_{i=1}^{N}\mu\cos\theta_i \tag{3.103}$$

である．この系の分配関数は，

$$Z_N = \prod_i \int_0^{\pi} \sin\theta_i d\theta_i d\phi_i e^{\beta E \sum\limits_{i=1}^{N} \mu\cos\theta_i} = \left(2\pi\frac{e^{\beta E\mu} - e^{-\beta E\mu}}{\beta E\mu}\right)^N \tag{3.104}$$

であり，系全体の分極 $P \left(= \left\langle \mu \sum\limits_{i=1}^{N} \cos\theta_i \right\rangle \right)$ は，

$$P = k_{\mathrm{B}}T\frac{\partial \log Z_N}{\partial E} = N\mu\left(\frac{e^{\beta E\mu} + e^{-\beta E\mu}}{e^{\beta E\mu} - e^{-\beta E\mu}} - \frac{1}{\beta E\mu}\right) \equiv N\mu L(\beta E\mu) \tag{3.105}$$

で与えられる．ここで，$L(x)$ は **Langevin** (ランジュバン) **関数**と呼ばれる[*5]．

単位体積あたりの分極率は $\coth x \simeq 1/x + x/3$ を用いて，

$$\frac{1}{V}\left.\frac{dP}{dE}\right|_{E=0} = \frac{N}{V}\frac{\beta}{3}\mu^2 \tag{3.106}$$

となる．誘電率 ε は電気変位 D が，

$$D = E + 4\pi P \equiv \varepsilon E \tag{3.107}$$

---

*5　この応答は，7.3.1 項で説明する，大きさ S のスピンの磁化の磁場に対する応答の $S=\infty$ の場合に相当する．

で与えられることから，

$$\varepsilon = 1 + 4\pi \frac{N}{V} \frac{\mu^2}{3k_{\mathrm{B}}T} \tag{3.108}$$

である．

3.10.2　重力場中での理想気体

重力下での理想気体が温度 T で熱平衡にあるときの比熱についてカノニカル分布の方法を用いて調べてみよう．系は $L \times L$ の水平面に底辺をもつ長さ無限大の容器に入っているものとする．この系のハミルトニアンは，

$$\mathcal{H} = \frac{1}{2m} \sum_i \boldsymbol{p}_i^2 - mg \sum_i z_i \tag{3.109}$$

で与えられる．この系の分配関数は，

$$\begin{aligned} Z_N &= \frac{1}{N!} C^{-N} \prod_{i=1}^{N} \left(\int_{-\infty}^{\infty} d\boldsymbol{p}_i e^{-\beta \frac{1}{2m} \sum_i \boldsymbol{p}_i^2} \int_0^L dx_i \int_0^L dy_i \int_0^{\infty} dz_i e^{-\beta g m z_i} \right) \\ &= \frac{1}{N!} C^{-N} \left((2\pi m k_{\mathrm{B}} T)^{\frac{3}{2}} L^2 \frac{k_{\mathrm{B}} T}{mg} \right)^N \end{aligned} \tag{3.110}$$

である．内部エネルギーは，

$$E = -\frac{\partial \log Z}{\partial \beta} = \frac{5}{2} N k_{\mathrm{B}} T \tag{3.111}$$

比熱は，

$$C = \frac{5}{2} N k_{\mathrm{B}} \tag{3.112}$$

である．この結果はエネルギーの等分配則には合わない．重力がない場合の等積比熱は $C = 3Nk_{\mathrm{B}}/2$ であり，理想気体の等圧比熱は $C = (3/2+1)Nk_{\mathrm{B}} = 5Nk_{\mathrm{B}}/2$ である．等圧では，温度上昇に伴い体積が増加するときの仕事が比熱の増分となっているためである．いまの場合，等積でも等圧でもないが温度が高くなると高い場所にある粒子数が増え，それに必要な仕事が必要で，そのため系のエネルギーが増えるため式 (3.112) となった．ちょうど等圧の場合と同じ結果になるのは，

$$\langle z_i \rangle = \frac{\int_0^L dx_i \int_0^L dy_i \int_0^{\infty} dz_i z_i e^{-\beta g m z_i}}{\int_0^L dx_i \int_0^L dy_i \int_0^{\infty} dz_i e^{-\beta g m z_i}} = \frac{k_{\mathrm{B}} T}{gm} \tag{3.113}$$

のように温度 T での粒子の高さの平均が温度に比例するため，実効的に等圧下での **Boyle–Charles** (ボイル–シャルル) **の関係** ($V \propto T$) が成り立つからである．

ただし，実際の大気では高度が上がると温度が下がり，カノニカル分布にはなっていないので，この結果は適用されない．

3.10.3 2 準位系

2.6 節で考えた N 個の 2 準位系からなる系についてカノニカル集合の方法で調べてみよう．i 番目の 2 準位系の状態を σ_i で表し，$\sigma_i = 1$ が状態 A，$\sigma_i = -1$ が状態 B を表しているとし，i 番目の 2 準位系のエネルギーを，

$$E_i = E_0 - h\sigma, \qquad E_0 = \frac{\varepsilon_{\mathrm{A}} + \varepsilon_{\mathrm{B}}}{2}, \qquad h = \frac{\varepsilon_{\mathrm{B}} - \varepsilon_{\mathrm{A}}}{2}$$

で与えることにする (式 (2.45))．

この表記を用いれば分配関数は，

$$Z = \sum_{\sigma_1 = \pm 1} \cdots \sum_{\sigma_N = \pm 1} e^{-\beta N E_0 + \beta h \sum_{i=1}^{N} \sigma_i} \tag{3.114}$$

と書ける．和 ($\sigma_i = \pm 1$) は独立に実行でき，

$$Z = e^{-\beta N E_0} \left(e^{\beta h} + e^{-\beta h} \right)^N = e^{-\beta N E_0} \left(2\cosh(\beta h)\right)^N \tag{3.115}$$

である．自由エネルギーは，

$$F = N E_0 - k_{\mathrm{B}} T N \log(2\cosh(\beta h)) \tag{3.116}$$

であり，内部エネルギーは，

$$\langle E \rangle \equiv \left\langle \sum_{i=1}^{N} E_i \right\rangle = -\frac{\partial \log Z}{\partial \beta} = N(E_0 - h\tanh(\beta h)) \tag{3.117}$$

である．比熱は，

$$C = \frac{\partial \langle E \rangle}{\partial T} = \frac{\partial \beta}{\partial T} \frac{\partial \langle E \rangle}{\partial \beta} = N \frac{1}{k_{\mathrm{B}} T^2} \frac{h^2}{\cosh^2(\beta h)} \tag{3.118}$$

である．この比熱は **Schottky** (ショットキー) **型比熱**と呼ばれ，2 準位間のエネルギー程度のところ ($k_{\mathrm{B}}T/h \simeq 0.42$) にピークをもつ特徴ある温度変化を示す (図 3.6)．

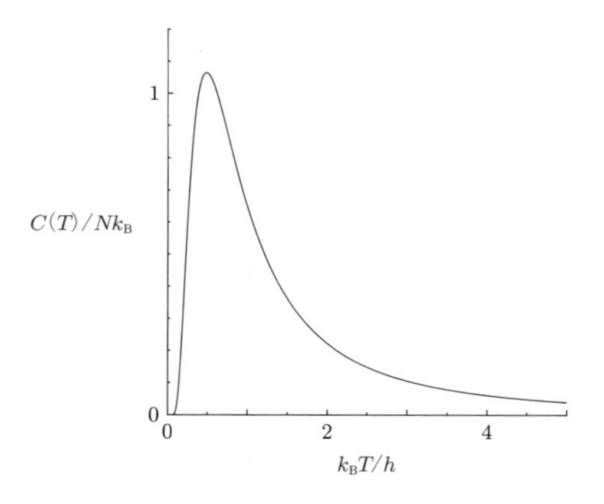

図 3.6　Schottky 型比熱

また，A の状態にある粒子の数 N_{A} の期待値は，

$$\langle E\rangle = NE_0 - h(\langle N_{\mathrm{A}}\rangle - \langle N_{\mathrm{B}}\rangle), \quad \langle N_{\mathrm{A}}\rangle + \langle N_{\mathrm{B}}\rangle = N \tag{3.119}$$

より，

$$\langle N_{\mathrm{A}}\rangle = \frac{1}{2}\left(\frac{\langle E\rangle - NE_0}{h} + N\right) = \frac{1}{2}N(\tanh(\beta h)+1) = \frac{e^{\beta h}}{e^{\beta h}+e^{-\beta h}}N \tag{3.120}$$

となる．

二つの準位の分布の偏りを表す量として，

$$\frac{1}{N}\left\langle \sum_{i=1}^{N}\sigma_i \right\rangle = \frac{\langle N_{\mathrm{A}}\rangle - \langle N_{\mathrm{B}}\rangle}{N} = \frac{\langle E - NE_0\rangle}{hN} = \tanh(\beta h) \tag{3.121}$$

がある*6.

例題 3.3 二つのエネルギー E_{A}，E_{B} をとる分子があり，それぞれのエネルギーをとる状態数 (縮重度) を，n_{A}，n_{B} とする．このような分子 N 個が温度 T の熱平衡状態にある場合に，エネルギー E_{A} の状態にある粒子数の平均を求めよ．

*6　この量は，7.3.1 項で説明する，大きさ S のスピンの磁化の磁場に対する応答の $S=1/2$ の場合に相当する．

(解)

$$Z = \left(n_\mathrm{A} e^{-\beta E_\mathrm{A}} + n_\mathrm{B} e^{-\beta E_\mathrm{B}}\right)^N \tag{3.122}$$

であり，

$$\langle N_\mathrm{A} \rangle = \frac{N n_\mathrm{A} e^{-\beta E_\mathrm{A}}}{n_\mathrm{A} e^{-\beta E_\mathrm{A}} + n_\mathrm{B} e^{-\beta E_\mathrm{B}}} = \frac{n_\mathrm{A}}{n_\mathrm{A} + n_\mathrm{B} e^{-\beta(E_\mathrm{B} - E_\mathrm{A})}} N \tag{3.123}$$

である． ◁

例題 3.4 2 準位系で N が十分大きなとき，準位 A にある粒子のゆらぎを求めよ．

(解) Kirkwood の関係 (3.22) を用いて，

$$\langle N_\mathrm{A}^2 \rangle - \langle N_\mathrm{A} \rangle^2 = \frac{N}{4\cosh^2 \beta h}$$ ◁

3.10.4 エントロピーによる力

ゴム弾性[4]の起源は，折りたたみに関するエントロピーである．簡単のため，折りたたみを表すモデルとして各ユニットが，

$$x_i = a\sigma_i, \quad \sigma_i = \pm 1 \quad (i = 1, \cdots, N) \tag{3.124}$$

をとる離散的な鎖を考える (図 3.7)．この系の長さは，

$$L = \sum_{i=1}^{N} x_i = a \sum_{i=1}^{N} \sigma_i \tag{3.125}$$

であり，張力を f とすると，

$$\mathcal{H} = -fa \sum_{i=1}^{N} \sigma_i \tag{3.126}$$

である．この系が温度 T で平衡状態にあるときの分配関数は，

$$Z = \left(\sum_{\sigma_i = \pm 1} e^{-\beta f a \sigma_i} \right)^N = (2\cosh(\beta f a))^N \tag{3.127}$$

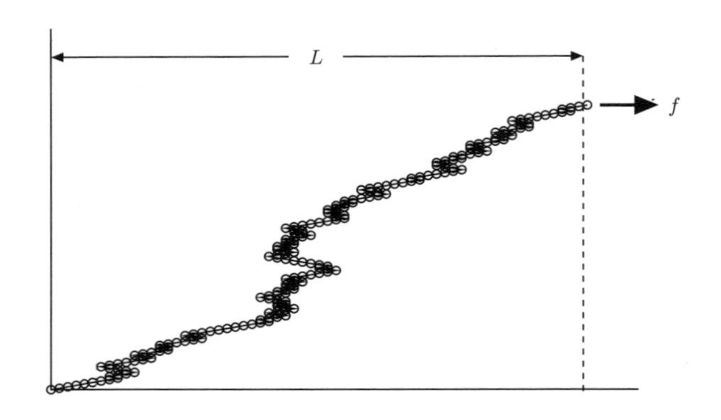

図 3.7　ゴムのモデル
ここではサイトのつながりが右に行ったり左に行ったりする (折りたたまれる) さまがわかるように，すべてのサイトで，右隣を一定間隔上にずらすように描写している．

で与えられる．長さの期待値は，

$$\langle L\rangle = \frac{\partial \log Z}{\partial(\beta f)} = aN\tanh(\beta f a) \tag{3.128}$$

であり，張力に対する応答は，

$$\chi = -\frac{\partial\langle L\rangle}{\partial f} = \frac{a^2}{k_{\mathrm{B}}T}N\frac{1}{\cosh^2(\beta f a)} \tag{3.129}$$

である．また系を長さ L_0 に保つために必要な力は，

$$f = \frac{k_{\mathrm{B}}T}{a}\tanh^{-1}\frac{L_0}{aN} = \frac{k_{\mathrm{B}}T}{a}\log\sqrt{\frac{aN+L_0}{aN-L_0}} \tag{3.130}$$

である．

この張力は長さが L であるときの場合の数が，

$$W(L) ={}_N C_{\frac{N-L/a}{2}} = \frac{N!}{\left(\frac{N-L/a}{2}\right)!\left(\frac{N+L/a}{2}\right)!} \tag{3.131}$$

であり，エントロピーが，

$$
\begin{aligned}
&S(L) \\
&= k_{\rm B} \log W(L) \\
&\simeq -k_{\rm B} N \left(\left(\frac{1-L/aN}{2} \right) \log \left(\frac{1-L/aN}{2} \right) + \left(\frac{1+L/aN}{2} \right) \log \left(\frac{1+L/aN}{2} \right) \right)
\end{aligned}
\tag{3.132}
$$

となることから，

$$
f = -T \left(\frac{\partial S}{\partial L} \right)_T \tag{3.133}
$$

として求めることもできる．長さの分布は式 (3.131) が二項分布であるので $L \ll Na$ の場合 Gauss 分布となる．高分子の形態は，ここで考えたような折りたたみができる長い鎖として取り扱われる．分子間の相互作用を考えないときは，長さは張力なしの場合の分布程度つまり $a\sqrt{N}$ 程度の大きさとなる．高分子の鎖が自分自身とすり抜けられないとする場合は **self-avoiding walk (自己回避歩行)** と呼ばれ，鎖の大きさは大きくなり，高分子の大きさは $N^{0.6}$ 程度になることが知られている*7.

例題 3.5 3.10.4 項で考えた，ゴム弾性のモデルで各ユニットが自由に回転できる単位ベクトル ($\boldsymbol{n}_i, i = 1, 2, \cdots, N, |\boldsymbol{n}_i| = 1$) である場合に，その系が温度 T で平衡状態にあるとき，張力 f で引っ張ったときの系の長さを求めよ．

(解) 系のハミルトニアンは，力の方向を z 方向とすると，

$$
\mathcal{H} = -fa \sum_{i=1}^{N} n_i^z \tag{3.134}
$$

であり，分配関数は，

$$
Z = \left(\int_0^{2\pi} d\phi \int_0^{\pi} d\theta \sin\theta e^{-\beta f a \cos\theta} \right)^N = \left(\frac{2\pi (e^{\beta f a} - e^{-\beta f a})}{\beta f a} \right)^N \tag{3.135}
$$

長さの期待値は，

$$
\left\langle a \sum_{i=1}^{N} n_i^z \right\rangle = \frac{\partial \log Z}{\partial (\beta f)} = aN \left(\coth \beta f a - \frac{1}{\beta f a} \right) \tag{3.136}
$$

---

*7 この値は Flory (フローリー) 指数と呼ばれる．ある種の平均場近似法で計算すると 3 次元では 3/5 となる．より正確な値として 0.588 という数字が得られている[5].

で与えられる．ちなみに長さ L_0 のときの張力は，

$$f = \frac{k_{\mathrm{B}}T}{a} L^{-1}\left(\frac{L_0}{aN}\right), \qquad L(x) = \coth x - \frac{1}{x} \tag{3.137}$$

である．ここで $L^{-1}(x)$ は Langevin 関数の逆関数である．◁

3.11　変分関数としてのエントロピー

ここで，エントロピーに対する変分的な考え方を紹介しよう．個々の状態 i が現れる確率を $P(i)$ とするとき，その系のエントロピーを，

$$S = -k_{\mathrm{B}} \sum_i P(i) \log P(i) = -k_{\mathrm{B}} \langle \log P(i) \rangle \tag{3.138}$$

と定義する．これは **Shannon** (シャノン) **エントロピー**あるいは**情報論的エントロピー**と呼ばれ，情報量の定式化の際に導入された．$P(i)$ が熱平衡状態を表しているとき，このエントロピーは熱力学のエントロピーに一致する．$P(i)$ が熱平衡状態を表していないときには，このエントロピーは熱力学のエントロピーのある拡張になっており，情報論的エントロピーと呼ばれる．またこのエントロピーを最大にする状態が熱平衡状態であることが次のようにして示される．

まず，確率が規格化されることだけを条件に式 (3.138) を最大にしてみよう．そのためには Lagrange の未定係数法を用いる．規格化，つまり，

$$\sum_S P(i) = 1 \tag{3.139}$$

より，

$$\frac{\delta}{\delta P(i)} \left[\sum_i \log P(i) P(i) + c_1 \left(\sum_i P(i) \right) \right] = 0 \tag{3.140}$$

を考える．

$$1 + \log P(i) + c_1 = 0 \tag{3.141}$$

より，

$$P(i) = e^{-1-c_1} \tag{3.142}$$

ここで式 (3.139) を満たすように c_1 を決めれば，全状態数を W とすると，

$$P(i) = \frac{1}{W} \tag{3.143}$$

となり，等重率の原理を表し，また，

$$S = k_{\mathrm{B}} \log W \tag{3.144}$$

となり，ミクロカノニカル集合でのエントロピーに一致する．

次に，ある量，たとえばエネルギーの平均値 E が与えられたとき式 (3.138) を最大にすることを考えよう．この場合，式 (3.139) のほかに，

$$\sum_i E_i P(i) = E \tag{3.145}$$

が条件に付け加わる．そこで，

$$\frac{\delta}{\delta P(i)} \left[\sum_i \log P(i) P(i) + c_1 \sum_i P(i) + c_2 \sum_i E_i P(i) \right] = 0 \tag{3.146}$$

を考える．

$$1 + \log P(i) + c_1 + c_2 E_i = 0 \tag{3.147}$$

より，

$$P(i) = e^{-1-c_1-c_2 E_i} \tag{3.148}$$

条件 (3.139) を満たすように，規格化定数を Z とすると，

$$P(i) = \frac{e^{-c_2 E_i}}{Z} \tag{3.149}$$

となる．c_2 は関係 (3.145) が満たされるように決める．

エネルギーが連続的に分布している場合，式 (3.145) は積分となり，

$$E = \frac{\int_0^\infty e^{-c_2 \epsilon} \epsilon D(\epsilon) d\epsilon}{\int_0^\infty e^{-c_2 \epsilon} D(\epsilon) d\epsilon} \tag{3.150}$$

と書ける．ここで $D(\epsilon)$ はエネルギーの状態密度である．たとえば，

$$D(\epsilon) = D_0 \epsilon^\alpha, \qquad \alpha > 0, \qquad D_0 > 0 \tag{3.151}$$

の形で表される場合は，

$$E = \frac{\int_0^\infty e^{-c_2 \epsilon} \epsilon^{\alpha+1} d\epsilon}{\int_0^\infty e^{-c_2 \epsilon} \epsilon^\alpha d\epsilon} = \frac{\alpha+1}{c_2} \tag{3.152}$$

である．特に，3 次元での理想気体の場合は $\alpha = 1/2$ であり，

$$E = \frac{3}{2c_2} \tag{3.153}$$

である．理想気体の状態方程式 $E = 3/2k_{\mathrm{B}}T$ で温度を定義すると，

$$c_2 = \frac{1}{k_{\mathrm{B}}T} \tag{3.154}$$

となる．このようにして $\beta = 1/k_{\mathrm{B}}T$ を用いて，

$$P(i) = \frac{e^{-\beta E_i}}{Z} \tag{3.155}$$

となり，カノニカル集合での重みが再現される．

4 グランドカノニカル分布

温度 T，体積 V，化学ポテンシャル μ を独立変数にする場合の統計集団について説明する．この場合は，系の粒子数が可変であり，その粒子に対する外部の系 (**粒子浴**) の化学ポテンシャルによって，システム内の粒子数が平均として決まる．系を表すハミルトニアンは粒子数が決まっている状況で定義されていることが多い．そのような場合，与えられた粒子数 N の場合の分配関数を求め，その粒子数に関する外部からの化学ポテンシャルの効果を加えてその粒子数の状態が現れる確率を決める．しかし，粒子数が可変な系のハミルトニアンでは粒子数も力学変数であり，その場合にはその系での粒子数に関するポテンシャルを含めたハミルトニアンを用いたカノニカル分布の方法が適用される．そのときの化学ポテンシャルの意味，特に符号に注意する必要がある．

4.1 グランドカノニカル集合での熱力学関数

グランドカノニカル集合では，温度，体積，化学ポテンシャルが独立変数である．ここで，熱力学関数を整理しておこう．

ミクロカノニカル集合では，基本的な熱力学関数はエントロピー

$$S(E,V,N), \quad dS = \frac{1}{T}dE + \frac{P}{T}dV - \frac{\mu}{T}dN \tag{4.1}$$

カノニカル集合では，基本的な熱力学関数は Helmholtz の自由エネルギー

$$F(T,V,N), \quad dF = -SdT - PdV + \mu dN \tag{4.2}$$

であった．グランドカノニカル集合では，基本的な熱力学関数 X は，

$$X(T,V,\mu), \quad dX = -SdT - PdV - Nd\mu \tag{4.3}$$

であるが，この X は F から **Legendre 変換**

$$X = F - \mu N \tag{4.4}$$

で得られる．ここで Gibbs–Duhem の関係式 (3.5) ($E = TS - PV + \mu N$) より，式 (4.4) は，

$$X = E - TS - \mu N = -PV \tag{4.5}$$

である[*1]．

4.2　グランドカノニカル集合の方法

系 A がエネルギー E_A，粒子数 N_A をもつ確率を $P(E_\mathrm{A}, N_\mathrm{A})$ としよう．2.1 節で考えたのと同様に粒子のやりとりがある場合の熱平衡状態を考えると，粒子のやりとりに関して最大確率の条件が，

$$\frac{d \log W_\mathrm{A}(N_\mathrm{A})}{dN_\mathrm{A}} = \frac{d \log W_\mathrm{B}(N_\mathrm{B})}{dN_\mathrm{B}} \tag{4.6}$$

であることがわかる．熱力学では，粒子のやりとりがある系での平衡状態では，両系の化学ポテンシャル μ が等しいので，この釣り合うべき量が化学ポテンシャルの一意的関数であることがわかる．$k_\mathrm{B} \log W$ がエントロピーであることから，

$$\frac{d \log W}{dN} = -\frac{\mu}{k_\mathrm{B} T} \tag{4.7}$$

として μ を与える．

前章の熱浴の場合と同様に系 B が十分大きく，系 A との粒子のやりとりで化学ポテンシャルが変化しない場合を考える．この場合系 B は**粒子浴**と呼ばれその化学ポテンシャルが独立変数となる．式 (3.10) と同様に N_A についても展開すると，

$$\begin{aligned} P(E_\mathrm{A}, N_\mathrm{A}) &\propto W_\mathrm{A}(E_\mathrm{A}, N_\mathrm{A}) e^{S_\mathrm{B}(E-E_\mathrm{A}, N-N_\mathrm{A})/k_\mathrm{B}} \\ &\sim W_\mathrm{A}(E_\mathrm{A}, N_\mathrm{A}) \exp\left[(S_\mathrm{B}(E, N) - \frac{dS_\mathrm{B}}{dE} E_\mathrm{A} - \frac{dS_\mathrm{B}}{dN} N_\mathrm{A})/k_\mathrm{B} \right] \\ &\propto W_\mathrm{A}(E_\mathrm{A}, N_\mathrm{A}) \exp\left(-\frac{E_\mathrm{A} - \mu N_\mathrm{A}}{k_\mathrm{B} T} \right) \end{aligned} \tag{4.8}$$

となる．つまり，粒子数 N をもつ状態は因子 $\exp(\beta \mu N)$ に比例する確率で現れる．

---

*1　ちなみに，Gibbs の自由エネルギーは

$$G = F + PV = \mu N$$

である．この場合のアンサンブルには名前がついていない．

4.3 大分配関数

グランドカノニカル集合での平均の際の分母 (規格化因子) も分配関数と同様に重要な役割をはたし，通常 Ξ で表され**大分配関数**と呼ばれる．

$$\Xi = \sum_{N=0}^{\infty} \left[\sum_{N\text{ を固定した空間でのすべての状態 }S} e^{-\beta E(S)} \right] e^{\beta\mu N} \tag{4.9}$$

ここで，

$$\begin{aligned}\Xi &= \sum_{N=0}^{\infty} \sum_{E} e^{-\beta E} W_N(E) e^{\beta\mu N} = \sum_{N=0}^{\infty} \sum_{E} e^{-\beta E + \frac{1}{k_\mathrm{B}} S(E) + \beta\mu N} \\ &\simeq e^{-\beta(E^* - TS(E) - \mu N^*)} = e^{\beta PV} \end{aligned} \tag{4.10}$$

である．ここで E^*, N^* は和において最も寄与する値であり，熱平衡状態での確定値に相当する．これより，

$$PV = k_\mathrm{B} T \log \Xi \tag{4.11}$$

の関係が得られる．$\log \Xi$ は温度，体積，化学ポテンシャルを独立変数とする場合の熱力学ポテンシャルである．

4.4 グランドカノニカル集合の方法での理想気体

理想気体の大分配関数は，粒子数 n の場合の分配関数

$$Z_n = C^{-n} \frac{1}{n!} \left(\int d\boldsymbol{x} \int d\boldsymbol{p} e^{-\frac{\beta}{2m}\boldsymbol{p}^2} \right)^n = \frac{1}{n!} f^n \tag{4.12}$$

ただし，

$$f = V \left(\frac{2\pi m k_\mathrm{B} T}{C^{2/3}} \right)^{\frac{3}{2}} \tag{4.13}$$

を用いて，

$$\Xi = \sum_n e^{\beta\mu n} Z_n = e^{f e^{\beta\mu}} \tag{4.14}$$

と書ける．

粒子数の平均は，

$$\langle N \rangle = \frac{\partial \log \Xi}{\partial(\beta\mu)} = e^{\beta\mu} V \left(\frac{2\pi m k_\mathrm{B} T}{C^{2/3}} \right)^{\frac{3}{2}} \tag{4.15}$$

である．これと，式 (4.14) に関係 (4.11) を用いると，

$$PV = \langle N \rangle k_{\mathrm{B}} T \tag{4.16}$$

が得られる．また，化学ポテンシャルは，

$$\mu = k_{\mathrm{B}} T \log \left[\frac{\langle N \rangle}{V} \left(\frac{2\pi m k_{\mathrm{B}} T}{C^{2/3}} \right)^{-\frac{3}{2}} \right] \tag{4.17}$$

となる．これは，ミクロカノニカル，カノニカル分布の方法で求めた式 (3.40) に一致する．

例題 4.1 固体表面への気体分子の吸着を考える．表面には分子一つを吸着できる吸着点が N 個あるとする．吸着によるエネルギー利得は $\varepsilon > 0$ とする．気体の圧力を P，温度を T，とするとき平衡状態で，吸着している粒子数の平均を求めよ (**Langmuir** (ラングミュア) **の等温吸着式**).

(解) 化学ポテンシャルを μ とすると，

$$\Xi = \sum_{n=0}^{N} e^{n\beta(\varepsilon+\mu)} {}_N C_n = \left(1 + e^{\beta(\varepsilon+\mu)} \right)^N$$

$$\langle n \rangle = \frac{\partial}{\partial(\beta\mu)} \log \Xi = \frac{N}{1 + e^{-\beta(\varepsilon+\mu)}}$$

理想気体の化学ポテンシャルは，

$$e^{\beta\mu} = \beta P \left(\frac{h^2}{2\pi m k_{\mathrm{B}} T} \right)^{\frac{3}{2}}$$

であるので，

$$\langle n \rangle = N \frac{e^{\beta\mu}}{e^{\beta\mu} + e^{-\beta\varepsilon}} = N \frac{\beta P \left(\frac{h^2}{2\pi m k_{\mathrm{B}} T} \right)^{\frac{3}{2}}}{\beta P \left(\frac{h^2}{2\pi m k_{\mathrm{B}} T} \right)^{\frac{3}{2}} + e^{-\beta\varepsilon}}$$ ◁

例題 4.2 情報論的エントロピー (3.138)

$$S = -k_{\mathrm{B}} \sum_i P(i) \log P(i) = -k_{\mathrm{B}} \langle \log P(i) \rangle$$

において，確率，エネルギーに加えて粒子数も保存する場合の確率分布 $P(i)$ の形を求めよ．

(解)

$$\sum_i P(i) = 1, \quad \sum_i E_i P(i) = E, \quad \sum_i N_i P(i) = N$$

の条件のもとで S を最大 (極値) にすることを考え，Lagrange の未定係数法を用いると，

$$\delta \left\{ \sum_i P(i) \log P(i) + c_1 \sum_i P(i) + c_2 \sum_i E_i P(i) + c_3 \sum_i N_i P(i) \right\} = 0 \quad (4.18)$$

より，

$$\delta P(i) \{\log P(i) + 1 + c_1 + c_2 E_i + c_3 N_i\} = 0 \quad (4.19)$$

であり，

$$P(i) = \exp(-1 - c_1 - c_2 E_i - c_3 N_i) \quad (4.20)$$

c_1, c_2, c_3 をグランドカノニカル分布になるように決めると，

$$P(i) = \frac{1}{W} \exp(-\beta E_i - c_3 N_i) \quad (4.21)$$

であり，化学ポテンシャルの定義を用いると，

$$c_2 = -\beta\mu \quad (4.22)$$

である．　◁

5　量子統計力学の基礎

ここまで古典的な系で統計力学の考え方を説明してきたが，本章では状態が波動関数で与えられる量子系での統計力学について説明する．

5.1　量子統計力学の原理

これまで，古典系で統計力学を考えてきたが，量子系にはどのように適用されるのかをみてみよう．原理は同じで等重率の原理である．古典系の場合には状態が連続なので確率密度を考え，位相空間の体積に確率密度が比例するとした．量子系では，状態は波動関数で表される．系のハミルトニアンが与えられたとき，系の特徴的な状態は，ハミルトニアンの固有状態

$$\mathcal{H}|\phi_i\rangle = E_i|\phi_i\rangle, \quad i = 1, 2, \cdots, D_{\max} \tag{5.1}$$

であり，その固有値がそれらの状態のエネルギーを与える．ここで，$D_{\max}$ は Hilbert (ヒルベルト) 空間の次元，つまり状態の数で整数であるが，∞ でもよい．

量子系では束縛状態での固有状態

$$\mathcal{H}|\phi_i\rangle = \lambda_i|\phi_i\rangle \tag{5.2}$$

は離散的であり，かつ完全系を張るのですべての状態を表すことができる．そこで，それぞれの固有状態に対し等重率を適用する[*1]．束縛状態でない場合は，量子系でもエネルギーは連続になる．しかし，ここでは，対象を束縛状態だけに限定して考える．たとえば，理想気体の場合は，有限の体積に閉じ込めた場合を考える．

量子統計力学でも古典系と同じように，ミクロカノニカル，カノニカル，グランドカノニカル集合が考えられるが，主にカノニカル，グランドカノニカル集合を用いる．

---

*1　一般に，波動関数は重ね合わせ状態も状態であるが，エネルギーを確定値としてもつ独立な状態として，系のハミルトニアンの固有状態に関して等重率の原理を適用する．

5.2　カノニカル分布

古典系においては，カノニカル集合での状態の出現確率はその状態のエネルギーを E とすると，

$$P(E) = \frac{e^{-\beta E}}{Z}, \quad Z : \text{規格化因子} \tag{5.3}$$

であった．カノニカル集合の考え方を系の固有状態に対して適用してみよう．このとき，系の固有状態 $|\phi_i\rangle, i = 1, \cdots, D_{\max}$ の出現確率は，

$$P(i) = \frac{1}{Z} e^{-\beta E_i}, \quad Z = \sum_{i=1}^{D_{\max}} e^{-\beta E_i} = \mathrm{Tr} e^{-\beta \mathcal{H}} \tag{5.4}$$

で与えられる．Z は行列の対角和 (Tr) で与えられるので基底のとり方によらない．ここで，重要なことは，Boltzmann 因子が，演算子となることである．つまり，ある規格化されたエネルギーの固有状態 $|i\rangle$ の出現確率は，

$$e^{-\beta E_i} \to \langle i | e^{-\beta \mathcal{H}} | i \rangle \tag{5.5}$$

であり $e^{-\beta \mathcal{H}}$ の行列要素で与えられる．このカノニカル分布の出現確率を与える行列は，カノニカル分布の**密度行列** (5.4 節で説明する) と呼ばれる．一般の規格化された状態 $|\Psi\rangle$ の出現確率は，

$$\langle \Psi | e^{-\beta \mathcal{H}} | \Psi \rangle \tag{5.6}$$

で与えられる．

5.3　調和振動子 (量子)

ばねの運動を量子力学的に考えた場合について調べてみよう．温度が非常に低い場合などは量子力学的効果が重要になり，式 (3.78) は正しくなくなる．

量子力学的には，個々のばねは量子化された離散的な状態をとり，第 n 番目の状態のエネルギーは，

$$E_n = \frac{1}{2}(2n+1)\hbar\omega, \quad \omega = \sqrt{\frac{k}{m}} \tag{5.7}$$

で与えられる．

単独のモード (振動数 $\omega/2\pi$) からなる系の分配関数は，

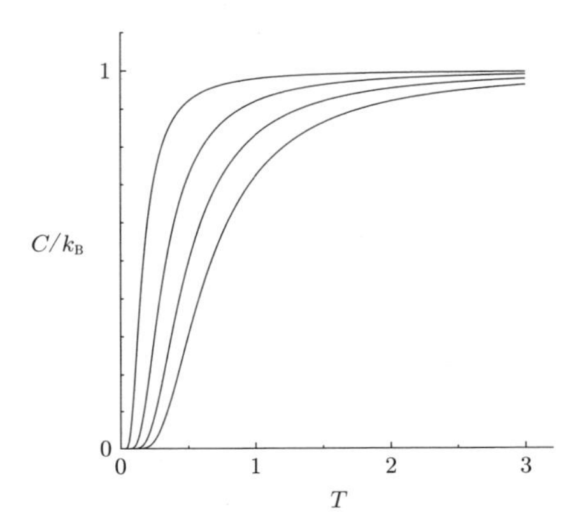

図 5.1 Einstein 比熱 (上から $\hbar\omega = 0.5, 1, 1.5, 2$)

$$Z = \sum_{n=0}^{\infty} e^{-\frac{\beta}{2}(2n+1)\hbar\omega} = \frac{e^{-\frac{\beta}{2}\hbar\omega}}{1 - e^{-\beta\hbar\omega}} \tag{5.8}$$

で与えられる．これより系の内部エネルギーは，

$$E = -\frac{d \log Z}{d\beta} \tag{5.9}$$

より，

$$E = \frac{1}{2}\hbar\omega + \frac{\hbar\omega}{e^{\beta\hbar\omega} - 1} \tag{5.10}$$

となる．これは高温 $\beta\hbar\omega \ll 1$ では $N = 1$ のときの式 (3.78) に一致する．比熱は，

$$C = \frac{d\beta}{dT}\frac{dE}{d\beta} = k_{\rm B}(\hbar\beta\omega)^2 \frac{e^{\beta\hbar\omega}}{(e^{\beta\hbar\omega} - 1)^2} \tag{5.11}$$

である．この場合，古典的な場合 (3.79) と異なり，比熱が $T \to 0$ で熱力学第三法則に従って 0 になることがわかる．一方高温 $\beta\hbar\omega \ll 1$ のときは $N = 1$ のときの式 (3.79) に一致する．この単独のモードからなるばねの量子系での比熱は **Einstein** (アインシュタイン) **比熱**と呼ばれる．

系が多くの基準振動 (振動数 $\{\omega_i/2\pi\}$) からなる場合には，和はすべての振動モードについてとる．その場合の系の分配関数は，

$$Z = \prod_i \left[\sum_{n=0}^{\infty} e^{-\frac{\beta}{2}(2n+1)\hbar\omega_i} \right] = \prod_i \frac{e^{-\frac{\beta}{2}\hbar\omega_i}}{1 - e^{-\beta\hbar\omega_i}} \tag{5.12}$$

で与えられる．これより系の内部エネルギーは，

$$E = -\frac{d \log Z}{d\beta} \tag{5.13}$$

より，

$$E = \sum_i \left(\hbar\omega_i + \frac{\hbar\omega_i}{e^{\beta\hbar\omega_i} - 1} \right) \tag{5.14}$$

となる．

比熱は，

$$C = k_{\mathrm{B}} \sum_i \left((\hbar\beta\omega_i)^2 \frac{e^{\beta\hbar\omega_i}}{(e^{\beta\hbar\omega_i} - 1)^2} \right) \tag{5.15}$$

で与えられる．

あるモード ω_i のエネルギー E_i の期待値は，

$$\langle E_i \rangle = \hbar\omega_i + \frac{\hbar\omega_i}{e^{\beta\hbar\omega_i} - 1} \tag{5.16}$$

で与えられる．古典的な場合に各モードのエネルギーの期待値はモードによらず，エネルギーの等分配則を示していたが，量子系では温度が $\hbar\omega_i$ 程度より低くなると，温度に関して指数関数的に小さくなることがわかる．このことは温度が $\hbar\omega_i$ 程度になったとき，このばねの振動の自由度が比熱に寄与しなくなること，つまり，活きている自由度でなくなることを示している．これは，量子効果によるエネルギーの離散性が効果を発揮することの反映である．

Einstein 比熱は，実験的に見つかっている低温での固体比熱の減少を説明しているが，低温で指数関数的に減衰し，定量的には，固体の実験で観測されている T^3 の振る舞いは説明できない．その違いは，Einstein 模型は単独の振動数のみを考えているのに対し固体では多く振動数をもつモードが存在するためである．モードの和による効果に関しては 7.2 節で説明する．

例題 5.1 ばね定数 k，質量 m の古典的なばね (角振動数 $\omega = \sqrt{k/m}$) の比熱は，k_{B} で与えられるが，その場合のエントロピーを求めよ．また，対応する量子系での振る舞いと比較せよ．

(解) 古典系の場合，

$$Z = k_{\mathrm{B}} T \sqrt{\frac{4m\pi^2}{k}}, \quad F = -k_{\mathrm{B}} T \log Z, \quad E = -\frac{\partial}{\partial\beta} \log Z$$

であるので，$T \to 0$ で，

$$S = \frac{E-F}{T} = k_{\mathrm{B}} + k_{\mathrm{B}} \log \left(k_{\mathrm{B}} T \sqrt{\frac{4m\pi^2}{k}} \right) \sim +k_{\mathrm{B}} \log(k_{\mathrm{B}} T) \to -\infty$$

である．

量子系での比熱は式 (5.11) で与えられ，また分配関数は式 (5.8) で与えられている．エントロピーは，

$$S = \frac{E-F}{T} = \frac{\hbar\omega}{2T} + \frac{1}{T} \frac{\hbar\omega}{e^{\beta\hbar\omega} - 1} + k_{\mathrm{B}} \log \left(\frac{e^{-\frac{\beta}{2}\hbar\omega}}{1 - e^{-\beta\hbar\omega}} \right) \tag{5.17}$$

であり，$T \to 0$ で 0 となる．また，$\hbar \to 0$ で，

$$S \simeq -k_{\mathrm{B}} \log(\beta\hbar\omega) + k_{\mathrm{B}} \tag{5.18}$$

であり，古典の場合に移行する．◁

5.4 密 度 行 列

系の状態がある一つの波動関数 $|\Psi\rangle$ で与えられる場合は**純粋状態**と呼ばれる．系がこの状態にあることを表す演算子として，

$$\rho = |\Psi\rangle\langle\Psi| \tag{5.19}$$

を考える．このとき，

$$\langle\Psi|\rho|\Psi\rangle = 1, \quad \langle\Psi|\Phi\rangle = 0 \quad \text{のときは} \quad \langle\Phi|\rho|\Phi\rangle = 0 \tag{5.20}$$

である．この密度行列は $|\Psi\rangle$ を一つの基底とする正規直交基底で表すと $|\Psi\rangle$ に対応する対角成分だけが 1 で，ほかの行列要素は 0 となる．このことから，密度行列を対角化したとき，どれか一つの対角要素が 1 で，ほかが 0 となる状態を純粋状態と呼ぶ．

それに対し，状態 $|\Psi\rangle$ かもしれないし，ほかの状態 $|\Phi\rangle$ かもしれないという，統計的な不確定性がある場合は，**混合状態**と呼ばれる．状態 $|\Psi\rangle$ の統計的な出現確率を p，状態 $|\Phi\rangle$ のそれを $q = 1 - p$ とすると，そのときの密度行列は，

$$\rho = p|\Psi\rangle\langle\Psi| + q|\Phi\rangle\langle\Phi| \tag{5.21}$$

で与えられる．

ここで注意しなくてはならないのは，ある純粋状態 $|\chi\rangle$ が，

$$|\chi\rangle = c_1|\Psi\rangle + c_2|\Phi\rangle, \quad |c_1|^2 + |c_2|^2 = 1 \tag{5.22}$$

で与えられる状態と，上で考えた混合状態は，違うということである．

一般に，ある正規直交基底 $\{|\alpha\rangle\}$ の統計的な出現確率を p_α とすると，

$$\rho = \sum_\alpha p_\alpha |\alpha\rangle\langle\alpha| \tag{5.23}$$

である．

いま，ある直交基底 $\{|i\rangle\}$ を考え，上で考えた状態がその基底の線形結合で表される場合，一般に，密度行列は，

$$\rho = \sum_{i,j} \rho_{ij} |i\rangle\langle j|, \quad \rho_{ji} = \rho_{ij}^* \tag{5.24}$$

の形で与えられる．

純粋状態

$$|\Psi\rangle = \sum_i c_i |i\rangle \tag{5.25}$$

の密度行列は，

$$\rho = |\Psi\rangle\langle\Psi| = \sum_{i,j} c_i^* c_j |i\rangle\langle j| \tag{5.26}$$

で与えられる．また，混合状態は，それぞれの純粋状態の密度行列に統計的な確率を重みとした和で与えられる．

5.5　スピン系

量子力学を相対論的に議論すると，**スピン**と呼ばれる自由度が現れる．実際，電子は角運動量 1/2 に相当するスピンと呼ばれる自由度 (S^x, S^y, S^z) をもつ．

一般に，スピンは角運動量の交換関係を満たす．

$$[S^x, S^y] = i\hbar S^z, \quad [S^y, S^z] = i\hbar S^x, \quad [S^z, S^x] = i\hbar S^y \tag{5.27}$$

以下では，記述を簡単にするため $\hbar = 1$ とする．あるいは，$\hat{S}^\alpha = S^\alpha/\hbar \ (\alpha = x, y, z)$ で与えられる変数をあらためて S^α と表したと思ってもよい．

角運動量と同様に，スピンの大きさ

$$\boldsymbol{S} \cdot \boldsymbol{S} = (S^x)^2 + (S^y)^2 + (S^z)^2 \tag{5.28}$$

の固有値は整数または半整数の S によって $S(S+1)$ で与えられる．このとき S はスピンの大きさと呼ばれる．どれか一つのスピンの成分，たとえば S^z は $\boldsymbol{S} \cdot \boldsymbol{S}$ と同時対角化され，その固有値 M は，

$$M = S, S-1, \cdots, -S \tag{5.29}$$

の $(2S+1)$ 個の値をもつ．大きさ S で S^z の固有値が M である状態を $|S, M\rangle$ で表すと，

$$(\boldsymbol{S} \cdot \boldsymbol{S})|S, M\rangle = S(S+1)|S, M\rangle \tag{5.30}$$

$$S^z|S, M\rangle = M|S, M\rangle \tag{5.31}$$

である．また，

$$S^+ = S^x + iS^y, \quad S^- = S^x - iS^y \tag{5.32}$$

を導入すると，

$$S^+|S, M\rangle = \sqrt{S(S+1) - M(M+1)}|S, M+1\rangle \tag{5.33}$$

$$S^-|S, M\rangle = \sqrt{S(S+1) - M(M-1)}|S, M-1\rangle \tag{5.34}$$

の関係がある．

スピンと磁場の相互作用は **Zeeman** (ゼーマン) **相互作用**と呼ばれる，

$$\mathcal{H} = -g\mu_{\mathrm{B}} \boldsymbol{H} \cdot \boldsymbol{S} \tag{5.35}$$

で与えられる[*2]．ここで g は **g 因子**と呼ばれる定数であり，自由電子ではほぼ 2 である[*3]．電子が結晶中にある場合は，いろいろな実効的な値をもつ．また，μ_{B} は **Bohr** (ボーア) **磁子**と呼ばれる，電子の磁気モーメントを与える係数であり，

$$\mu_{\mathrm{B}} = 9.27 \times 10^{-24} \ (\mathrm{J\ T^{-1}}) \tag{5.36}$$

である (T: テスラ).

---

*2　正確には式 (5.35) の符号は $-$ ではなく $+$ であるが，ここでは慣例によってこの符号を用いる．

*3　場の理論的補正を考えると $2.0023318\cdots$ である．

5.5.1　磁場中のスピンの密度行列

混合状態と純粋状態の密度行列の違いについて，スピンが磁場中にある場合について考えてみよう．この系のハミルトニアンは $h = g\mu_{\mathrm{B}}H/2$ として，

$$\mathcal{H} = -h\sigma^z, \quad \sigma^z = \begin{pmatrix} 1 & 0 \\ 0 & -1 \end{pmatrix} \tag{5.37}$$

である．この系が σ^z の固有状態

$$|+\rangle = \begin{pmatrix} 1 \\ 0 \end{pmatrix}, \quad |-\rangle = \begin{pmatrix} 0 \\ 1 \end{pmatrix} \tag{5.38}$$

にあるときの密度行列は，それぞれ，

$$\rho_+ = \begin{pmatrix} 1 & 0 \\ 0 & 0 \end{pmatrix}, \quad \rho_- = \begin{pmatrix} 0 & 0 \\ 0 & 1 \end{pmatrix} \tag{5.39}$$

である．一方この系が状態

$$|\chi\rangle = \frac{|+\rangle + |-\rangle}{\sqrt{2}} \tag{5.40}$$

にあるときの密度行列は，

$$\rho = \begin{pmatrix} 1/2 & 1/2 \\ 1/2 & 1/2 \end{pmatrix} \tag{5.41}$$

である．この状態は純粋状態であり，実際，スピンが x 方向を向いた状態である．

$$\sigma^x|\chi\rangle = \begin{pmatrix} 0 & 1 \\ 1 & 0 \end{pmatrix}\begin{pmatrix} 1/\sqrt{2} \\ 1/\sqrt{2} \end{pmatrix} = \begin{pmatrix} 1/\sqrt{2} \\ 1/\sqrt{2} \end{pmatrix} \tag{5.42}$$

それに対し，スピンの z 成分が 1 か -1 かわからず，それぞれの場合の確率を 1/2 とするときの密度行列は，

$$\rho = \frac{1}{2}\rho_+ + \frac{1}{2}\rho_- = \begin{pmatrix} 1/2 & 0 \\ 0 & 1/2 \end{pmatrix} \tag{5.43}$$

である．

5.6 カノニカル分布の密度行列

カノニカル分布は，i 番目の固有状態が $e^{-\beta E_i}$ に比例する確率で現れる集団であり，明らかに，混合状態である．カノニカル分布を表す密度行列を，基底変換のユニタリ行列 U

$$|\tilde{i}\rangle = \sum_{i=1}^{N} u_{ij}|j\rangle, \qquad \begin{pmatrix} |\tilde{1}\rangle \\ \vdots \\ |\tilde{N}\rangle \end{pmatrix} = U \begin{pmatrix} |1\rangle \\ \vdots \\ |N\rangle \end{pmatrix} \tag{5.44}$$

で与えられる一般の基底で表しておこう．

関係 (5.4) から Boltzmann 因子を与える演算子は，ハミルトニアンを対角化する基底 $\{\langle k|\}$ で

$$\rho = \frac{1}{Z}\sum_{k=1}^{N} |k\rangle e^{-\beta E_k}\langle k| \tag{5.45}$$

と表せる．このことから，確率分布を表す行列はハミルトニアンの演算子を用いて，

$$\rho = \frac{1}{Z}e^{-\beta\mathcal{H}} \tag{5.46}$$

と表せる．一般の基底では，

$$\langle\tilde{i}|\rho|\tilde{j}\rangle = \frac{1}{Z}\langle\tilde{i}|e^{-\beta\mathcal{H}}|\tilde{j}\rangle = \frac{1}{Z}\sum_{k}\langle\tilde{i}|k\rangle e^{-\beta E_k}\langle k|\tilde{j}\rangle = \frac{1}{Z}\sum_{k} e^{-\beta E_k}U_{ki}^{*}U_{kj} \tag{5.47}$$

である．

最後に，言わずもがなであるが，次の点を注意しておく．量子系である状態 $|\tilde{i}\rangle$ が出現する確率は，

$$P(\tilde{i}) = \frac{1}{Z}\langle\tilde{i}|e^{-\beta\mathcal{H}}|\tilde{i}\rangle \tag{5.48}$$

であって，

$$P(\tilde{i}) \neq \frac{1}{Z}e^{-\beta\langle\tilde{i}|\mathcal{H}|\tilde{i}\rangle} = \frac{1}{Z}e^{-\beta E_{\tilde{i}}} \tag{5.49}$$

である．つまり，状態 $|i\rangle$ がハミルトニアンの固有ベクトルでない場合，エネルギーの期待値 $E_{\tilde{i}} = \langle\tilde{i}|\mathcal{H}|\tilde{i}\rangle$ を用いてカノニカル分布を考えてはいけない．そのため，ハミルトニアンの固有状態以外の状態の出現確率を求めるためにはハミルトニアンの固有値，固有ベクトルを求める必要がある．

例題 5.2 スピン対

$$\mathcal{H} = -J\boldsymbol{\sigma}_1 \cdot \boldsymbol{\sigma}_2$$

をスピンの z 成分の固有状態 $|++\rangle, |+-\rangle, |-+\rangle, |--\rangle$ を基底として行列表示せよ．また，その固有値，固有関数を求めよ．

(解)

$$\mathcal{H} = -J\boldsymbol{\sigma}_1 \cdot \boldsymbol{\sigma}_2 = \begin{pmatrix} -J & 0 & 0 & 0 \\ 0 & J & -2J & 0 \\ 0 & -2J & J & 0 \\ 0 & 0 & 0 & -J \end{pmatrix} \tag{5.50}$$

$$\begin{aligned} E &= -J, & &|++\rangle \\ E &= -J, & &\tfrac{|+-\rangle+|-+\rangle}{\sqrt{2}} \\ E &= 3J, & &\tfrac{|+-\rangle-|-+\rangle}{\sqrt{2}} \\ E &= -J, & &|--\rangle \end{aligned} \tag{5.51}$$

◁

例題 5.3 この系が温度 T で平衡状態にあるときの密度行列を固有関数を基底として求めよ．

(解)

$$\rho = \frac{1}{Z}e^{\beta J\boldsymbol{\sigma}_1\cdot\boldsymbol{\sigma}_2} = \frac{1}{Z}\begin{pmatrix} e^{\beta J} & 0 & 0 & 0 \\ 0 & e^{\beta J} & 0 & 0 \\ 0 & 0 & e^{-3\beta J} & 0 \\ 0 & 0 & 0 & e^{\beta J} \end{pmatrix} \tag{5.52}$$

ここで，

$$Z = \mathrm{Tr} e^{\beta J\boldsymbol{\sigma}_1\cdot\boldsymbol{\sigma}_2} = 3e^{\beta J} + e^{-3\beta J} \tag{5.53}$$

◁

例題 5.4 この系が温度 T で平衡状態にあるときの内部エネルギーを求めよ．

(解)

$$\langle E\rangle = -J\frac{3e^{\beta J} - 3e^{-3\beta J}}{3e^{\beta J} + e^{-3\beta J}}$$

◁

例題 5.5 上の密度行列を $|++\rangle, |+-\rangle, |-+\rangle, |--\rangle$ を基底として求めよ．

(解)

$$\rho = e^{\beta J \boldsymbol{\sigma}_1 \cdot \boldsymbol{\sigma}_2} = \begin{pmatrix} e^{\beta J} & 0 & 0 & 0 \\ 0 & (e^{\beta J} + e^{-3\beta J})/2 & (e^{\beta J} - e^{-3\beta J})/2 & 0 \\ 0 & (e^{\beta J} - e^{-3\beta J})/2 & (e^{\beta J} + e^{-3\beta J})/2 & 0 \\ 0 & 0 & 0 & e^{\beta J} \end{pmatrix} \tag{5.54}$$

◁

5.7 グランドカノニカル分布

グランドカノニカル分布も古典系の場合と同様で，

$$\Xi = \sum_{N=0}^{\infty} e^{\beta\mu N} \mathrm{Tr}_N e^{-\beta\mathcal{H}_N} \tag{5.55}$$

である．ここで Tr_N は粒子数を N に固定した部分空間における和を意味する．粒子数を固定したときの状態の和を実行するのが困難である場合に，与えた化学ポテンシャルのもとで粒子数についての和に置き換えて計算すると，計算が簡単になることがある．そのような場合にグランドカノニカル集合の方法が有効になる．次章で説明する量子理想気体の場合がその例になっている．

5.8 熱力学第三法則 (Nernst–Planck (ネルンスト–プランク) の法則)

熱力学の法則には,「エントロピーは絶対零度で 0 である」とする熱力学第三法則と呼ばれる法則がある．気体のエントロピーは，固体比熱 C_{solid}，融解潜熱 Q_{melt}，液体比熱 C_{liquid}，沸騰潜熱 Q_{boil}，気体比熱 C_{gas}，融点の温度 T_{melt}，沸点の温度 T_{boil} を用いて，

$$\begin{aligned} S(T,p) = S(0,p) &+ \int_0^{T_{\mathrm{melt}}} C_{\mathrm{solid}}(T)\frac{dT}{T} + \frac{Q_{\mathrm{melt}}}{T_{\mathrm{melt}}} + \int_{T_{\mathrm{melt}}}^{T_{\mathrm{boil}}} C_{\mathrm{liquid}}(T)\frac{dT}{T} \\ &+ \frac{Q_{\mathrm{biol}}}{T_{\mathrm{boil}}} + \int_{T_{\mathrm{boil}}}^{T} C_{\mathrm{gas}}(T)\frac{dT}{T} \end{aligned} \tag{5.56}$$

と表される．いろいろな化学反応でのエントロピー変化が，ここで，$S(0,p)=0$ としたエントロピーの値とよく一致することから，Nernst (ネルンスト) は熱力学第三法則を見出している．

この法則は熱力学の構造構築には寄与せず，自然の特別な性質を表している．統計力学では Boltzmann の原理 (2.23) によって，エネルギー E の場合のエントロピーが，エネルギー E をもつ状態数 $W(E)$ によって，

$$S = k_{\mathrm{B}} \log W(E)$$

と表される．絶対零度 ($T=0$) で系は基底状態にあり，その縮退度を $W(G)$ とすると，

$$S(T=0) = \frac{1}{N} k_{\mathrm{B}} \log W(G) \tag{5.57}$$

であるので，熱力学第三法則は基底状態の縮退度 $W(G)$ が N より圧倒的に小さい，より正確にはミクロな数，つまり，

$$\lim_{N\to\infty} \frac{1}{N} \log W(G) = 0 \tag{5.58}$$

であることを意味している．

比熱はエントロピーを用いて，

$$C = T \left(\frac{\partial S}{\partial T} \right)_x \tag{5.59}$$

と表される．ここで x は温度を変化させるとき物理量 x を一定に保つことを表している．たとえば，$x=V$ の場合は，定積比熱である．仮に，

$$\lim_{T\to 0} \left(\frac{\partial S}{\partial T} \right)_x \propto T^{-\alpha}, \quad \alpha \geq 1 \tag{5.60}$$

が成り立つとすると，

$$S(T) - S(0) = \int_0^T \left(\frac{\partial S}{\partial T} \right)_x dT \propto \left[T^{-\alpha+1} \right]_0^T \to \infty \tag{5.61}$$

であり，エントロピーが発散するので矛盾が生じる．そのため，絶対零度でエントロピーがゼロである場合，$\alpha < 1$ であり，比熱は $T \to 0$ でゼロになる．

相互作用が競合している系など，人工的な模型を考えるとこの性質を破ることができるが，自然に存在している系では何らかの相互作用で基底状態の縮退が解けているとするのがこの法則である．自然に存在する系においても，ほぼ縮退した基底状態をもつ場合があり，その場合式 (5.57) は**残留エントロピー**と呼ばれる．

6 量子理想気体

粒子密度が大きくなり区別ができない同種粒子の波動関数が重なるようになるようになると，粒子間の相互作用はなくても，量子力学に基づく効果のため，粒子間に実効的な相互作用が現れ，量子系特有な現象を示す．その様子を量子理想気体の場合について調べてみよう．

6.1 量子理想気体の固有状態

量子理想気体のハミルトニアンは，古典系と同じように，

$$\mathcal{H} = \sum_i \frac{1}{2m}\boldsymbol{p}_i^2 \tag{6.1}$$

である．この系の Schrödinger (シュレディンガー) 方程式は，

$$-\frac{\hbar^2}{2m}\frac{\partial^2}{\partial \boldsymbol{x}^2}\psi_i(\boldsymbol{x}) = E_i\psi_i(\boldsymbol{x}) \tag{6.2}$$

であり，固有状態は，粒子が一辺 L の立方格子で周期的境界条件では，整数 n_x, n_y, n_z によって，

$$|n_x, n_y, n_z\rangle = \left(\frac{1}{\sqrt{L}}\right)^3 e^{ik_x x + k_y y + k_z z}, \quad k_x = \frac{2\pi}{L}n_x, k_y = \frac{2\pi}{L}n_y, k_z = \frac{2\pi}{L}n_z \tag{6.3}$$

である．これらを用いると，

$$\begin{aligned} \mathcal{H}|n_x, n_y, n_z\rangle &= \frac{\hbar^2(k_x^2 + k_y^2 + k_z^2)}{2m}|n_x, n_y, n_z\rangle \\ E_{n_x,n_y,n_z} &= \frac{\hbar^2(2\pi)^2}{2mL^2}(n_x^2 + n_y^2 + n_z^2) \end{aligned} \tag{6.4}$$

である．

6.2 一体の分配関数

粒子数が一つの場合には分配関数は，

$$Z = \mathrm{Tr} e^{-\beta \mathcal{H}} = \sum_{n_x} \sum_{n_y} \sum_{n_z} e^{-\beta E_{n_x,n_y,n_z}} = \sum_{n_x} \sum_{n_y} \sum_{n_z} e^{-\beta \frac{\hbar^2 (2\pi)^2}{2mL^2} (n_x^2 + n_y^2 + n_z^2)} \tag{6.5}$$

で与えられる．$\hbar^2 (2\pi)^2 / 2mL^2$ が小さいときには和を積分

$$\sum_l \to \frac{L}{2\pi} \int_{-\infty}^{\infty} dk_x \tag{6.6}$$

に置き換えると，

$$Z_1 = \left(\frac{L}{2\pi} \int_{-\infty}^{\infty} dk_x e^{-\beta \frac{\hbar^2}{2m} k_x^2} \right)^3 = V \left(\sqrt{\frac{2\pi m k_{\mathrm{B}} T}{h^2}} \right)^3 \tag{6.7}$$

となり，古典系の場合と一致する．ここで，古典系では未定となっていた定数が，

$$C = h^3 \tag{6.8}$$

であることがわかる．これは，位相空間の単位は不確定性関係から予想される h^3 であることに対応している．

6.3　同種粒子の統計

古典系では粒子数が N 個の粒子からなる系の分配関数を，一体の分配関数 (6.7) を用いて，

$$Z_N = \frac{1}{N!} (Z_1)^N$$

とした．古典系の場合には，異なる粒子がぴったり同じ状態にある確率は無視してよく，すべての粒子数が異なる状態にあると考えてよいため，状態の数えすぎを $N!$ とし，Z_1^N を $N!$ で割った．

それに対し，量子系では，状態は整数でラベル (l, m, n) されているので，異なる粒子が同じ状態をとる確率も決してゼロでない．そのため，すべての粒子が異なる状態にあるとして全体を $N!$ で割る数え方は，正しくない．特に，低温でエネルギーが小さい場合には，その効果が顕著となり，状態の数え方を正確に取り扱わなくてはならない．N 個の粒子の状態 (l_i, m, n_i), $(i = 1, \cdots, N)$ がすべて異なる場合は $N!$ で割らなくてはならないが，たとえば，すべての粒子が基底状態 $(l, m, n) = (0, 0, 0)$ にある状態は，Z_N の中で 1 回しか出てこないので，$N!$ で割るのは間違いである．

粒子数が区別できない場合，それぞれの粒子がどのラベルの状態にいるかではなく，全体の系の状態は各ラベル (l, m, n) にある粒子がいくつあるかで指定される．そのため，状態はラベル (n_x, n_y, n_z) にある粒子数を $N_{(n_x,n_y,n_z)}$ とすると，その組 $\{N_{(n_x,n_y,n_z)}\}$ で与えられる．

ラベルは，波数 $\boldsymbol{k}$ に一対一で対応しているので，

$$\boldsymbol{k} = (k_x, k_y, k_z) = \frac{2\pi}{L}(n_x, n_y, n_z) \tag{6.9}$$

以降は，状態のラベルを $\boldsymbol{k}$ とする．

$$N_{(n_x,n_y,n_z)} \to N_{\boldsymbol{k}} \tag{6.10}$$

このとき，

$$N = \sum_{(n_x,n_y,n_z)} N_{(n_x,n_y,n_z)} = \sum_{\boldsymbol{k}} N_{\boldsymbol{k}} \tag{6.11}$$

$$E = \sum_{(n_x,n_y,n_z)} N_{(n_x,n_y,n_z)} E_{n_x,n_y,n_z} = \sum_{\boldsymbol{k}} N_{\boldsymbol{k}} E_{\boldsymbol{k}} \tag{6.12}$$

である．粒子数 N を固定した場合の分配関数は，

$$Z_N = \sum_{(6.11)} e^{-\beta \sum_{\boldsymbol{k}} N_{\boldsymbol{k}} E_{\boldsymbol{k}}} \tag{6.13}$$

となる．ここで和は式 (6.11) を満たすすべての $N_{\boldsymbol{k}}$ の組についてとることになる．

6.4 Bose–Einstein 粒子と Fermi–Dirac 粒子

量子系では同種粒子性に由来する特別な注意が必要になる．それは，同一の状態を最大いくつの粒子が占めることができるかという問題である．

粒子 1 と粒子 2 の位置をそれぞれ $\boldsymbol{x}_1$，$\boldsymbol{x}_2$ とし，それぞれが状態 A，B をとるとき波動関数は，

$$\psi_{\mathrm{A}}(\boldsymbol{x}_1)\psi_{\mathrm{B}}(\boldsymbol{x}_2)$$

である．粒子の入れ替えをする操作 P を施すと，

$$P\psi_{\mathrm{A}}(\boldsymbol{x}_1)\psi_{\mathrm{B}}(\boldsymbol{x}_2) = \psi_{\mathrm{A}}(\boldsymbol{x}_2)\psi_{\mathrm{B}}(\boldsymbol{x}_1) \tag{6.14}$$

である．もう一度 P を施すと状態はもとに戻るので，

$$P^2\psi_{\mathrm{A}}(\boldsymbol{x}_1)\psi_{\mathrm{B}}(\boldsymbol{x}_2) = \psi_{\mathrm{A}}(\boldsymbol{x}_1)\psi_{\mathrm{B}}(\boldsymbol{x}_2) \tag{6.15}$$

であるので，

$$P^2 = 1 \tag{6.16}$$

であり，P の固有値は ± 1 である．

6.4.1 Bose–Einstein 粒子

固有値 $P = 1$ の固有状態は，

$$\Psi_+ = \frac{\psi_A(\boldsymbol{x}_1)\psi_B(\boldsymbol{x}_2) + \psi_A(\boldsymbol{x}_2)\psi_B(\boldsymbol{x}_1)}{\sqrt{2}} \tag{6.17}$$

である．このように粒子数の入替えに対して対称な波動関数で与えられる場合が **Bose–Einstein** (ボース–アインシュタイン) **粒子**，あるいはボソンと呼ばれる．光子は Bose–Einstein 粒子である．また，格子振動の基準振動を量子化したフォノンと呼ばれるものも Bose–Einstein 粒子とみなせる．

一般に N 個の Bose–Einstein 粒子が状態 $A_1, A_2, \cdots, A_N$ をとる場合，波動関数は，

$$\begin{aligned}\Psi_{BE} &= \frac{\sum_S \psi_{A_1}(\boldsymbol{x}_{S(1)})\psi_{A_2}(\boldsymbol{x}_{S(2)})\cdots\psi_{A_N}(\boldsymbol{x}_{S(N)})}{\sqrt{N!}} \\ &= \frac{\mathrm{Perm}(\psi_{A_1}(\boldsymbol{x}_1)\psi_{A_2}(\boldsymbol{x}_2)\cdots\psi_{A_N}(\boldsymbol{x}_N))}{\sqrt{N!}}\end{aligned} \tag{6.18}$$

となる．ここで S は置換 $(1, 2, \cdots, N) \to (S(1), S(2), \cdots, S(N))$ であり，和は $N!$ 通りのすべての置換に関するものである．この和は**パーマネント**と呼ばれる．この場合，一つの状態を占めることのできる粒子の最大数には制限がなく，$N = \infty$ のときは

$$N_{\max} = \infty \tag{6.19}$$

である．

6.4.2 Fermi–Dirac 粒子

固有値 $P = -1$ の固有状態は，

$$\Psi = \frac{\psi_{\mathrm{A}}(\boldsymbol{x}_1)\psi_{\mathrm{A}}(\boldsymbol{x}_2) - \psi_{\mathrm{A}}(\boldsymbol{x}_2)\psi_{\mathrm{B}}(\boldsymbol{x}_1)}{\sqrt{2}} \tag{6.20}$$

である．このように粒子数の入替えに対して反対称な波動関数で与えられる場合が **Fermi–Dirac** (フェルミ–ディラック) **粒子**，あるいはフェルミオンと呼ばれる．電子，陽子，中性子は Fermi–Dirac 粒子である．

一般に N 個の Fermi–Dirac 粒子が状態 $\mathrm{A}_1,\mathrm{A}_2,\cdots,\mathrm{A}_N$ をとる場合波動関数は，

$$\begin{aligned}\Psi_{\mathrm{FD}} &= \frac{\sum_S (-1)^{\mathrm{sgn}(S)} \sum_S \psi_{\mathrm{A}_1}(\boldsymbol{x}_{S(1)})\psi_{\mathrm{A}_2}(\boldsymbol{x}_{S(2)})\cdots\psi_{\mathrm{A}_N}(\boldsymbol{x}_{S(N)})}{\sqrt{N!}} \\ &= \frac{\mathrm{Det}(\psi_{\mathrm{A}_1}(\boldsymbol{x}_1)\psi_{\mathrm{A}_2}(\boldsymbol{x}_2)\cdots\psi_{\mathrm{A}_N}(\boldsymbol{x}_N))}{\sqrt{N!}}\end{aligned} \tag{6.21}$$

となる．ここで $\mathrm{sgn}(S)$ は置換 S が偶置換の場合 1，奇置換の場合 -1 である．この和は **determinant** (**行列式**)，つまり，行列式 Det で与えられる．Fermi–Dirac 粒子の場合，A と B が同じ状態である場合，つまり A=B のとき行列式の性質により，

$$\Psi_{\mathrm{FD}} = 0 \tag{6.22}$$

である．これは一つの状態を二つ以上の粒子数が占めることができないことを示している．この性質は **Pauli** (パウリ) **の排他律**と呼ばれる．この場合，

$$N_{\mathrm{max}} = 1 \tag{6.23}$$

である．

6.4.3 カノニカル分布での量子理想気体

たとえば，粒子数が 2 個の場合には，粒子が区別できるとして同じ状態を二つの粒子数が占有する場合を別々に数えた場合の分配関数 Z_2 は，粒子数一つの場合に分配関数 Z_1 を用いて $Z_2 = Z_1^2$ である．粒子数が区別できない場合には，二つ以上の粒子数が同じ状態を占めることができる Bose–Einstein 粒子，同じ状態を二つ以上の粒子数が占めることができない Fermi–Dirac 粒子のそれぞれ場合に補正が必要になる．Bose–Einstein 粒子の場合，粒子が区別できないことから 2! で割って数えすぎを補正する場合，二つの粒子が同じ状態を占めている状態の係数は 2! で割ってはいけないのでその補正を加えて，

$$Z_2^{\mathrm{BE}} = \frac{(Z_1)^2 + \sum_{\boldsymbol{k}} e^{-2\beta \sum_{\boldsymbol{k}} N_{\boldsymbol{k}} E_{\boldsymbol{k}}}}{2} \tag{6.24}$$

となる．Fermi–Dirac 粒子の場合，粒子が区別できないことから 2! で数えすぎを補正する場合，二つの粒子が同じ状態を占めている状態を除かなくてはならないのでその補正を差し引いて，

$$Z_2^{\mathrm{BE}} = \frac{(Z_1)^2 - \sum_{\boldsymbol{k}} e^{-2\beta \sum_{\boldsymbol{k}} N_{\boldsymbol{k}} E_{\boldsymbol{k}}}}{2} \tag{6.25}$$

となる．しかし，N が大きくなると，このような補正を具体的にすることは実際的に難しく，このようにして分配関数を求めるのは事実上不可能である．

6.4.4　グランドカノニカル分布での量子理想気体

そこで，考え方を変えて，ミクロな各状態 $\boldsymbol{k}$ が占められている数を指定して全体の状態を指定することを考える．つまり，波数 $\boldsymbol{k}$ をもつ状態を占める粒子数が自由に変われるとするのである．

この場合，すべての状態についての和は，

$$\Xi_0 = \prod_{\boldsymbol{k}} \left(\sum_{N_{\boldsymbol{k}}=0}^{N_{\max}} e^{-\beta N_{\boldsymbol{k}} E_{\boldsymbol{k}}} \right) \tag{6.26}$$

となる．このとき全粒子数 (6.11) は不定になっている．もし，N を一定にして和をとることができれば

$$Z_N = \sum_{N_{\boldsymbol{k}_1}=0}^{N_{\max}} \sum_{N_{\boldsymbol{k}_2}=0}^{N_{\max}} \cdots \prod_{\boldsymbol{k}} \left(e^{-\beta N_{\boldsymbol{k}} E_{\boldsymbol{k}}} \right) \delta(N - \sum_{\boldsymbol{k}} N_{\boldsymbol{k}}) \tag{6.27}$$

のように式 (6.13) が計算できる．しかし，前節で述べたように，このようなデルタ関数の制限付きの和をとるのは難しい．そこで，このような全粒子数に関する制限の代わりに，粒子数を制御する化学ポテンシャル μ を導入して，平均値として全粒子数を指定することにする．つまり，グランドカノニカル集合の考え方で，量子理想気体の性質を調べるのである．

大分配関数は，

$$\Xi = \sum_{N_{\boldsymbol{k}_1}=0}^{N_{\max}} \sum_{N_{\boldsymbol{k}_2}=0}^{N_{\max}} \cdots e^{-\beta \sum_{\boldsymbol{k}} (N_{\boldsymbol{k}} E_{\boldsymbol{k}} - \mu N_{\boldsymbol{k}})} = \prod_{\boldsymbol{k}} \sum_{N_{\boldsymbol{k}}=0}^{N_{\max}} e^{-\beta(E_{\boldsymbol{k}}-\mu)N_{\boldsymbol{k}}} \tag{6.28}$$

であり，全粒子数は，

$$\langle N \rangle = \frac{\partial}{\partial(\beta\mu)} \log \Xi \tag{6.29}$$

で与えられる．エネルギー $E_{\boldsymbol{k}}$ をもつ粒子数は，

$$\langle N_{\boldsymbol{k}} \rangle = \frac{\sum_{N_{\boldsymbol{k}}=0}^{N_{\max}} N_{\boldsymbol{k}} e^{-\beta(E_{\boldsymbol{k}}-\mu)N_{\boldsymbol{k}}}}{\sum_{N_{\boldsymbol{k}}=0}^{N_{\max}} e^{-\beta(E_{\boldsymbol{k}}-\mu)N_{\boldsymbol{k}}}} \tag{6.30}$$

Fermi–Dirac 粒子の場合，$N_{\max} = 1$ であり，

$$\Xi_{\mathrm{FD}} = \prod_{\boldsymbol{k}} \left(1 + e^{-\beta(E_{\boldsymbol{k}}-\mu)}\right) \tag{6.31}$$

であり，エネルギー $E_{\boldsymbol{k}}$ をもつ粒子数は，

$$\langle N_{\boldsymbol{k}} \rangle = \frac{e^{-\beta(E_{\boldsymbol{k}}-\mu)}}{1 + e^{-\beta(E_{\boldsymbol{k}}-\mu)}} = \frac{1}{1 + e^{\beta(E_{\boldsymbol{k}}-\mu)}} \equiv f_{\mathrm{FD}}(E_{\boldsymbol{k}}, \mu) \tag{6.32}$$

となる．これを **Fermi–Dirac 分布**という．

また，Bose–Einstein 粒子の場合，$N_{\max} = \infty$ であり，等比数列の無限和となり，

$$\Xi_{\mathrm{BE}} = \prod_{\boldsymbol{k}} \left(\frac{1}{1 - e^{-\beta(E_{\boldsymbol{k}}-\mu)}}\right) \tag{6.33}$$

である．エネルギー $E_{\boldsymbol{k}}$ をもつ粒子数は，式 (6.29) を用いると，

$$\langle N_{\boldsymbol{k}} \rangle = \frac{e^{-\beta(E_{\boldsymbol{k}}-\mu)}}{1 - e^{-\beta(E_{\boldsymbol{k}}-\mu)}} = \frac{1}{e^{\beta(E_{\boldsymbol{k}}-\mu)} - 1} \equiv f_{\mathrm{BE}}(E_{\boldsymbol{k}}, \mu) \tag{6.34}$$

となる．これを **Bose–Einstein 分布**という．

通常の状況で粒子数が大きい極限で期待値 $\langle N \rangle$ はマクロには確定値をもつので，その値が初めに与えた粒子数 N に一致するように μ を決めることで，初めに考えた粒子数を与えた場合の熱力学的性質を議論することにする．このように，グランドカノニカル集合とカノニカル集合でマクロな量の振る舞いが一致する場合を熱力学的に正常な系という[*1]．

*1 系の相互作用が長距離力などの場合は必ずしもこの性質は満たされない．

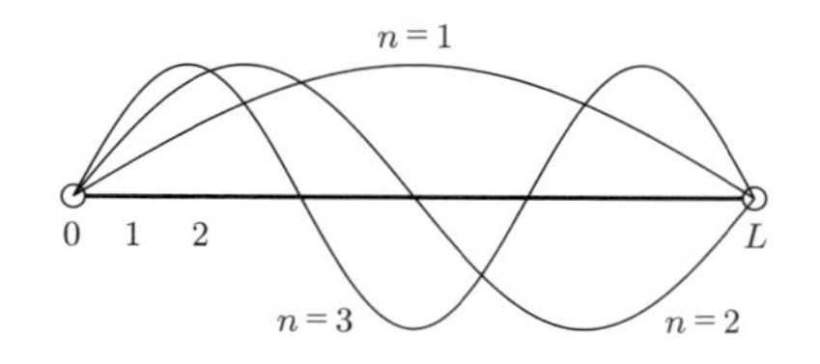

図 **6.1**　1 次元固定端系での基本振動のモード
波数 $n=1,2,3.$

6.4.5　理想気体におけるエネルギー状態密度

実際の計算では異なるモード波数 $\boldsymbol{k}$ に関する和が必要となる．そのため，一辺の長さが L の立方体中でのエネルギーに関する**状態密度**を求めておこう．モードは波数ベクトルで指定される．波数ベクトルは立方体の中で立つ波であるので x,y,z 各方向に，

$$k=\frac{n\pi}{L}, \qquad n=0,1,\cdots \tag{6.35}$$

で与えられる (図 6.1)．ここでは固定端を考えたので，基本振動 (モード) は，

$$\sin\left(\frac{\pi}{L}n\right), \qquad n=1,2,\cdots,\infty \tag{6.36}$$

である．

大きさ k から $k+dk$ の間の波数をもつ状態数 $D(k)dk$ は，3 次元で等方的な場合には波数は式 (6.35) で示したように一辺が π/L の格子点上に一様に分布するので，

$$\sum_{m=0}^{\infty}=\frac{L}{\pi}\int_0^{\infty}dk \tag{6.37}$$

の関係に注意し，三次元で考えれば，

$$D(k)dk=\left(\frac{L}{\pi}\right)^3\frac{1}{8}4\pi k^2dk=\frac{V}{(2\pi)^3}4\pi k^2dk \tag{6.38}$$

で与えられることがわかる．ここで現れた係数 1/8 は，モードを表す n が正の値をとることから，球の積分のうち，寄与するのが 1/8 であることからきている．V は一辺 L の立方体の体積である[*2]．

ここで変数を波数 $\boldsymbol{k}$ からエネルギー E に変える．

$$E = \frac{\hbar^2}{2m}k^2 \quad k = \sqrt{\frac{2mE}{\hbar^2}} \to dE = \frac{\hbar^2}{m}kdk, \quad dk = \sqrt{\frac{m}{2\hbar^2 E}}dE \tag{6.41}$$

を用いると，

$$d\boldsymbol{k} = 4\pi k^2 dk = 4\pi \frac{2mE}{\hbar^2}\sqrt{\frac{m}{2\hbar^2 E}}dE = \frac{4\pi m}{\hbar^3}\sqrt{2mE}dE \tag{6.42}$$

であるので，大きさ E から $E + dE$ の間の波数をもつ状態数は，

$$D(E)dE = \frac{V}{(2\pi)^3}\frac{4\pi m}{\hbar^3}\sqrt{2mE}dE \equiv D_0\sqrt{E}dE \tag{6.43}$$

である．ここで，

$$D_0 = 2\pi V\left(\frac{2m}{h^2}\right)^{3/2} \tag{6.44}$$

である．この $D(E)$ はエネルギー空間での状態密度と呼ばれる．

同様な計算で，2 次元での状態密度は，

$$\frac{L^2}{(2\pi)^2}2\pi kdk \to D(E)dE = 2\pi L^2\left(\frac{m}{h^2}\right)dE \tag{6.45}$$

1 次元での状態密度は，

$$2\frac{L}{2\pi}dk \to D(E)dE = \frac{L}{2\pi}\sqrt{\frac{2m}{E\hbar^2}}dE \tag{6.46}$$

1 次元の場合に状態密度が $E^{-1/2}$ で発散することは **Van Hove** (ファン・ホーブ) **特異性**と呼ばれる (図 6.2)．

---

*2 もし，6.1 節のように，周期的境界条件を考えると，基本振動 (モード) は

$$\exp\left(i\frac{2\pi}{L}n\right), \quad n = -\infty, -1, 0, 1, 2, \cdots, \infty \tag{6.39}$$

である．このとき，波数は $2\pi/L$ の間隔になり，

$$\frac{L}{\pi} \to \frac{L}{2\pi} \tag{6.40}$$

になり，$2^{-3} = 1/8$ だけ係数が変わる．しかし，この場合はすべての球の成分が寄与し，最終的な状態密度の表式 (6.38) は変わらない．

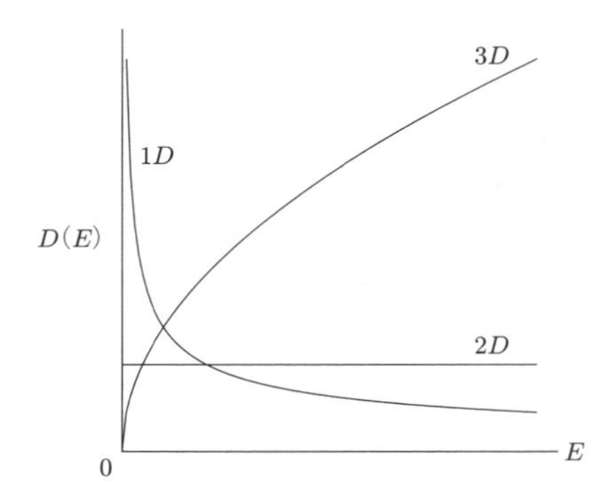

図 6.2 理想気体におけるエネルギー状態密度 $D(E)$ (1, 2, 3 次元)

6.4.6 エネルギーと圧力

エネルギーと圧力の関係を調べてみよう．ここでは Bose–Einstein 粒子系で説明する[*3]．エネルギーは，

$$E = \sum_{\boldsymbol{k}} \frac{E_{\boldsymbol{k}'} e^{-\beta(E_{\boldsymbol{k}'}-\mu)}}{1 - e^{-\beta(E_{\boldsymbol{k}'}-\mu)}} = \int_0^\infty dE D(E) \frac{E}{e^{\beta(E-\mu)} - 1} \tag{6.47}$$

である．圧力は，

$$\begin{aligned} PV = k_{\mathrm{B}} T \log \Xi &= -\sum_{\boldsymbol{k}} \log\left(1 - e^{-\beta(E_{\boldsymbol{k}'}-\mu)}\right) \\ &= -\int_0^\infty dE D(E) \log\left(1 - e^{-\beta(E-\mu)}\right) \end{aligned} \tag{6.48}$$

で与えられる．3 次元では $D(E) = D_0 E^{1/2}$ であるので，部分積分すると，

$$PV = \int_0^\infty dE \frac{2}{3} D_0 E^{3/2} \frac{1}{e^{\beta(E-\mu)-1}} \tag{6.49}$$

となる．これから，3 次元の理想気体に関する一般的関係

$$PV = \frac{2}{3} E \tag{6.50}$$

*3 Fermi–Dirac 粒子の場合も同様である．

が得られる[*4].

6.5 Fermi 粒子の統計

粒子の従う統計についてまず，Fermi–Dirac 粒子の場合を考えよう．そこでの各状態の占有数は Fermi–Dirac 分布 (6.32) に従う．

$$f_{\rm FD}(E,\mu)=\frac{1}{1+e^{\beta(E_{\boldsymbol{k}}-\mu)}}$$

6.5.1 絶対零度での Fermi–Dirac 理想気体 (Fermi 縮退)

温度が 0 の場合，つまり $\beta=\infty$ の場合，Fermi–Dirac 分布は，

$$f_{\rm FD}(E,\mu)=\frac{1}{e^{\beta(E_{\boldsymbol{k}}-\mu)}+1}=\begin{cases}1 & E_{\boldsymbol{k}}<\mu\\ 0 & E_{\boldsymbol{k}}>\mu\end{cases} \tag{6.52}$$

である (図 6.3).

粒子数が N の場合，

$$\mu=\frac{\hbar^2}{2m}k_0^2 \tag{6.53}$$

で与えられる．ここで k_0 は

$$N=\sum_{\boldsymbol{k}}N_{\boldsymbol{k}}=\frac{V}{(2\pi)^3}\int_0^{E_{\boldsymbol{k}}<\mu}d\boldsymbol{k}=\frac{V}{(2\pi)^3}\int_0^{k_0}4\pi k^2dk=\frac{V}{(2\pi)^3}\frac{4}{3}\pi k_0^3 \tag{6.54}$$

であるので，

$$k_0=\left(\frac{3N(2\pi)^3}{4V\pi}\right)^{\frac{1}{3}} \tag{6.55}$$

である．これより粒子数が N の場合，$T=0$ での化学ポテンシャル μ_0 は，

$$\mu_0=\frac{\hbar^2}{2m}k_0^2=\frac{h^2}{2m}\left(\frac{3}{4\pi}\frac{N}{V}\right)^{\frac{2}{3}} \tag{6.56}$$

---

*4 黒体放射 (光子気体) の場合は，エネルギーが $E=\hbar\omega=c\hbar k$ であるので

$$P=\frac{1}{3}E \tag{6.51}$$

である．

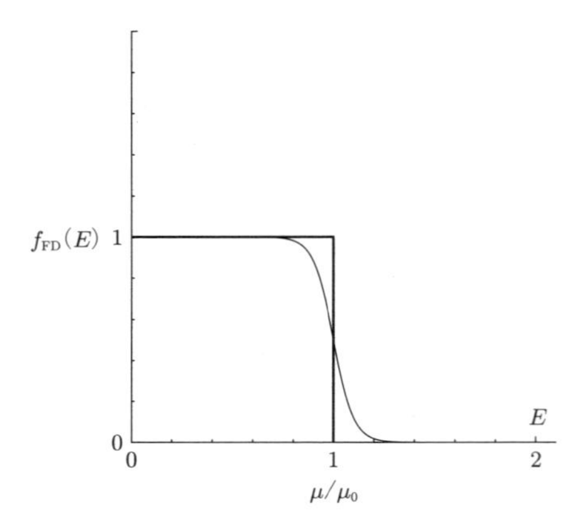

図 **6.3**　$T=0,\ 0.05$ での Fermi–Dirac 分布 $(\mu=1)$

であることがわかる．基底状態では，エネルギーが μ_0 以下のすべての状態が占有されている．この μ_0 は **Fermi エネルギー**と呼ばれる．また，このエネルギーをもつ状態が波数空間においてつくる面を **Fermi 面**と呼ぶ．いまの場合，Fermi 面は半径が $k_0=\sqrt{2m\mu_0}/\hbar$ の球面である．

これから明らかなように，基底状態 $(T=0)$ の場合でもエネルギーはゼロでなく，

$$E_0=\frac{V}{(2\pi)^3}\int_0^{k_0}\frac{\hbar^2}{2m}k^2 4\pi k^2 dk=\frac{V}{(2\pi)^3}\left(\frac{2\pi\hbar^2}{5m}\right)k_0^5=\frac{3}{5}N\mu_0 \tag{6.57}$$

である．

6.5.2 Sommerfeld の関係

次に温度効果を考えよう．Fermi–Dirac 分布は低温で式 (6.52) が少しなまった形になる (図 6.3)．その効果を取り入れると低温での物理量 $A(E)$ の温度変化は $\beta\mu\gg 1$ のとき，

$$\langle A\rangle=\int_0^{\mu}D(E)A(E)dE+2\pi V\frac{\pi^2}{6}(k_{\rm B}T)^2\left(\frac{2m}{h^2}\right)^{\frac{3}{2}}\frac{d}{d\mu}(\sqrt{\mu}A(\mu))\cdots \tag{6.58}$$

で与えられる．この関係は **Sommerfeld** (ゾンマーフェルト) **の関係**と呼ばれる．この関係の導出を以下に示す．

まず，物理量 A の平均は，エネルギーに関する状態密度 $D(E)$ を用いて，

$$\langle A\rangle = \int_0^\infty D(E)A(E)f(E)dE, \quad f(E) = \frac{1}{e^{\beta(E-\mu)}+1} \tag{6.59}$$

と表される．ここで，

$$\frac{dB(E)}{dE} = D(E)A(E) \tag{6.60}$$

なる関数 $B(E)$ を導入し，$B(\mu)=0$ とする．部分積分を用いると，

$$[f(E)B(E)]_0^\infty - \int_0^\infty \frac{df}{dE}B(E)dE = \int_0^\infty f(E)\frac{dB}{dE}dE \tag{6.61}$$

の関係が得られる．ここで，第 1 項は $f(\infty)=0$，$B(0)=0$ から消える．低温で $f(E)$ の微分は $E=\mu$ 付近のみで大きな寄与をもつ関数であることを考慮して $B(E)$ を $E=\mu$ 付近で展開する．

$$B(E) \simeq B(\mu) + \left(\frac{dB}{dE}\right)\bigg|_{E=\mu}(E-\mu) + \frac{1}{2}\left(\frac{d^2B}{dE^2}\right)\bigg|_{E=\mu}(E-\mu)^2 + \cdots \tag{6.62}$$

これを式 (6.59) に代入し，

$$\frac{df}{dE} = -\frac{\beta}{\left(e^{\beta(E-\mu)/2}+e^{-\beta(E-\mu)/2}\right)^2} \tag{6.63}$$

を用い，$x=\beta(E-\mu)$ とすると，

$$\begin{aligned}\langle A\rangle &= \int_{-\infty}^\infty \frac{B(\mu) + \left(\frac{dB}{dE}\right)\Big|_{E=\mu}(x/\beta) + \frac{1}{2}\left(\frac{d^2B}{dE^2}\right)\Big|_{E=\mu}(x/\beta)^2}{\left(e^{x/2}+e^{-x/2}\right)^2}dx \\ &= B(\mu)\int_{-\infty}^\infty \frac{dx}{\left(e^{x/2}+e^{-x/2}\right)^2} + \frac{1}{2}\left(\frac{d^2B}{dE^2}\right)\bigg|_{E=\mu}\int_{-\infty}^\infty \frac{(x/\beta)^2dx}{\left(e^{x/2}+e^{-x/2}\right)^2}\end{aligned} \tag{6.64}$$

となる．上の計算では積分範囲は $-\beta\mu$ から ∞ を $-\infty$ から ∞ に変更しても結果が変わらないほど $\beta\mu \gg 1$ であることを使った．ここで，右辺第 1 項の積分が 1 であることと，定積分

$$\int_{-\infty}^\infty \frac{x^2dx}{\left(e^{x/2}+e^{-x/2}\right)^2} = \frac{\pi^2}{3} \tag{6.65}$$

を用いると式 (6.58) が得られる．

6.5.3 低温での Fermi–Dirac 粒子系の熱力学的振る舞い

Sommerfeld の関係を粒子数 N に対して用いる．そのため，$A(E)=1$ とすると，

$$\langle N\rangle = \int_0^{\mu} D(E)dE + 2\pi V\frac{\pi^2}{6}(k_{\mathrm{B}}T)^2\left(\frac{2m}{h^2}\right)^{\frac{3}{2}}\frac{1}{2\sqrt{\mu}}\cdots \tag{6.66}$$

の関係が得られる．ここではまだ μ の値は決まっていない．それを決めるために，与えられた粒子数に対する $T=0$ での化学ポテンシャル μ_0 を与える式 (6.56) と比較して，

$$\mu_0^{\frac{3}{2}} = \mu(T)^{\frac{3}{2}}\left[1+\frac{\pi^2}{8}\left(\frac{k_{\mathrm{B}}T}{\mu}\right)^2\right] \to \mu = \mu_0\left(1-\frac{\pi^2}{12}\left(\frac{k_{\mathrm{B}}T}{\mu_0}\right)^2+\cdots\right) \tag{6.67}$$

が得られる．この関係が，粒子数の期待値を与えられた値 N とするための，化学ポテンシャルの温度変化を与える．

エネルギーの温度変化は $A(E)=E$ として，

$$\begin{aligned}\langle E\rangle &= \int_0^{\mu} ED(E)dE + 2\pi V\frac{\pi^2}{6}(k_{\mathrm{B}}T)^2\left(\frac{2m}{h^2}\right)^{\frac{3}{2}}\frac{3}{2}\mu^{\frac{1}{2}}\\ &= 2\pi V\left(\frac{2m}{h^2}\right)^{\frac{3}{2}}\left(\frac{2}{5}\mu^{\frac{5}{2}}+\frac{\pi^2}{4}(k_{\mathrm{B}}T)^2\mu^{\frac{1}{2}}\right)\end{aligned} \tag{6.68}$$

ここで式 (6.67) より，

$$\mu^{5/2} \simeq \mu_0^{5/2}\left(1-\frac{5}{24}\pi^2\left(\frac{k_{\mathrm{B}}T}{\mu_0}\right)^2\right) \tag{6.69}$$

を用いると，

$$E = E_0\left(1+\frac{5\pi^2}{12}\left(\frac{k_{\mathrm{B}}T}{\mu_0}\right)^2\right) \tag{6.70}$$

となる．これより低温での比熱は，

$$C = \frac{dE}{dT} = \frac{5\pi^2 E_0}{6}\left(\frac{k_{\mathrm{B}}}{\mu_0}\right)^2 T = k_{\mathrm{B}}N\frac{\pi^2}{2}\frac{k_{\mathrm{B}}T}{\mu_0} \tag{6.71}$$

で与えられる．

6.6　電子の低温物性

電子はフェルミオンである．金属中の電子はほかの電子との Coulomb (クーロン) 相互作用や格子との相互作用はあるが，背景のイオン電場のため実効的に中性とみなせ，単純な金属の場合には質量などのパラメータなどを調整しておおざっぱには理想気体とみなすことができる．そのような取扱いは Fermi 液体理論と呼ばれる．

前節で求めた結果を金属中の電子に適用するとき注意すべきことは，電子にはスピンの $\pm$ を表す自由度 2 があることである．そのため，電子数が N 個という場合，$+$ のスピンをもつ電子を N_+，$-$ のスピンをもつ電子を N_- とすると，

$$N = N_+ + N_- \tag{6.72}$$

である．磁化がない場合，

$$N_+ = N_- = \frac{N}{2} \tag{6.73}$$

である．そのため，たとえば化学ポテンシャルを決める式 (6.56) は，

$$\mu_0^{\mathrm{electron}} = \frac{\hbar^2}{2m}k_0^2 = \frac{h^2}{2m}\left(\frac{3}{4\pi}\frac{N}{2V}\right)^{\frac{2}{3}} \tag{6.74}$$

となる．

たとえば，銅の場合，金属電子の密度は $N/V \simeq 8.5 \times 10^{28}\,(\mathrm{m}^{-3})$ であり，電子質量 $m = 9.1094 \times 1.66 \times 10^{-31}\,\mathrm{kg}$ [*5]，$h = 6.626 \times 10^{-34}\,\mathrm{J\,s}$, を用いると $\mu_0 \simeq 1.1 \times 10^{-18}\,\mathrm{J} \simeq 8 \times 10^4\,\mathrm{K}$ となる．これは室温より非常に大きいため銅の中の電子は室温以下ではほぼ基底状態にあると考えてよい．このような状況にある理想気体は縮退した理想気体と呼ばれる．

6.6.1　電　子　比　熱

N 個の電子のうち $N/2$ 個がそれぞれ $\sigma = \pm 1/2$ のスピンをもつとすると，それぞれのスピンをもつ電子からの比熱への寄与は式 (6.71) より，

$$C^{\sigma} = k_{\mathrm{B}}\frac{N}{2}\frac{\pi^2}{2}\frac{k_{\mathrm{B}}T}{\mu_0} \tag{6.75}$$

---

*5　銅の伝導電子の有効質量はこれより大きい ($m^* \simeq 1.4m$) がここでは電子質量そのものを用いた．

である．2 種類のスピンからの寄与の和は，

$$C^{\text{電子スピン}} = k_{\mathrm{B}}\frac{N}{2}\frac{\pi^2}{2}\frac{k_{\mathrm{B}}T}{\mu_0} \times 2 = k_{\mathrm{B}}N\frac{\pi^2}{2}\frac{k_{\mathrm{B}}T}{\mu_0} \tag{6.76}$$

であり，式 (6.71) と一致する．低温で電子の運動に起因する温度に比例する比熱は**電子比熱**と呼ばれる．

例題 6.1 電子気体の絶対零度での帯磁率 (**Pauli 常磁性**) を求めよ．

(解) 基底状態に磁場をかけると，磁場とスピンの相互作用 (Zeeman 相互作用)

$$\mathcal{H}_{\text{Zeeman}} = -g\mu_{\mathrm{B}}\boldsymbol{H}\cdot\boldsymbol{S} \tag{6.77}$$

のため，各スピンでのエネルギーは，磁場の方向を z 方向，$g=2$，$S^z = \pm 1/2$ として，

$$\epsilon_{\pm} = \frac{1}{2m}\boldsymbol{p}^2 \mp \mu_{\mathrm{B}}H \tag{6.78}$$

となる．Fermi 準位 (化学ポテンシャル μ) を μ_0 とすると磁場に平行な磁化[*6]をもつスピンの数は，

$$N_+ = \frac{4\pi V}{3h^3}p_+^3, \quad \frac{1}{2m}\boldsymbol{p}_+^2 = \mu_0 + \mu_{\mathrm{B}}H \tag{6.80}$$

磁場に反平行な磁化をもつスピンの数は，

$$N_- = \frac{4\pi V}{3h^3}p_-^3, \quad \frac{1}{2m}\boldsymbol{p}_-^2 = \mu_0 - \mu_{\mathrm{B}}H \tag{6.81}$$

である (図 6.4)．

そのため，基底状態で誘起される磁化は，

$$M = \mu_{\mathrm{B}}(N_+ - N_-) = \frac{4\pi V}{3h^3}\mu_{\mathrm{B}}\left((2m(\mu_0+\mu_{\mathrm{B}}H))^{3/2} - 2m(\mu_0-\mu_{\mathrm{B}}H))^{3/2}\right) \tag{6.82}$$

である．全電子数は $N = 2\times 4\pi V(2m\mu_0)^{3/2}/3h^3$ であるので，$\mu_0 \gg \mu_{\mathrm{B}}H$ のとき，

$$M \simeq \frac{3}{2}\frac{\mu_{\mathrm{B}}^2 N}{\mu_0}H \tag{6.83}$$

---

*6　5.5 節の脚注でも述べたが，スピンの向きと磁化の向きは定義において逆方向である，

$$\boldsymbol{m} = -\mu_{\mathrm{B}}\boldsymbol{S} \tag{6.79}$$

であるが，今後この違いを無視して，スピンの方向を磁化の方向とする．

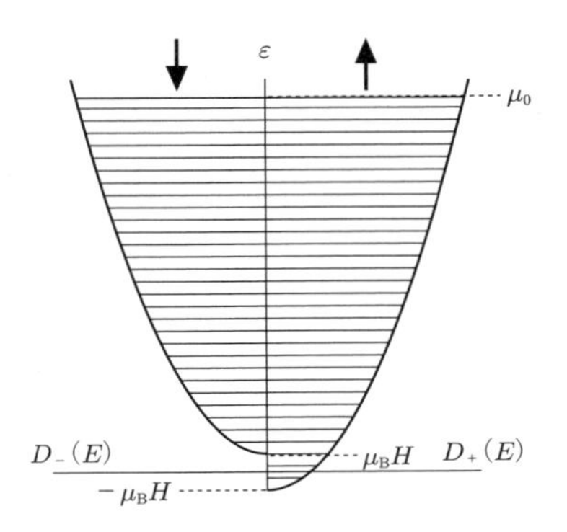

図 6.4 $T = 0, \mu_B H = 0.05$ での Fermi–Dirac 分布

となる．これから，基底状態の帯磁率は，

$$\chi_{\text{Pauli}} = \frac{3N}{2V}\frac{\mu_B^2}{\mu_0} \tag{6.84}$$

であり，温度に依存しない定数となることがわかる．この基底状態での磁性機構は Pauli 常磁性と呼ばれる． ◁

6.7 Bose 粒子の統計

次に，Bose–Einstein 粒子の場合を考えよう．そこでの各状態の占有数は Bose–Einstein 分布 (6.34) に従う．

$$f_{\text{BE}}(E, \mu) = \frac{1}{e^{\beta(E_{\boldsymbol{k}} - \mu)} - 1}$$

6.7.1 Bose 凝 縮

Bose–Einstein 統計においては，$T = 0$ での基底状態は明らかにすべての状態が一体の基底状態 $(l, m, n) = (0, 0, 0)$，つまり，$\boldsymbol{k} = 0$ の状態にある状態である．この状態はミクロな状態をマクロな数の粒子数が占めており，特異な状態である．このような状態は **Bose–Einstein 凝縮** (Bose–Einstein condensation: **BEC**) 状態と呼ばれる．このマクロな粒子数による基底状態の占有は $T = 0$ だけでなく，低温でも起こる．その機構を見てみよう．温度 T で体積 V の容器内にある粒子数の期待値は式 (6.34) を用いて，

$$\langle N\rangle = \sum_{\boldsymbol{k}} N_{\boldsymbol{k}} = \frac{V}{(2\pi)^3}\int_0^{\infty} 4\pi k^2 dk \frac{1}{e^{\beta(E_{\boldsymbol{k}}-\mu)}-1}$$

$$= 2\pi V\left(\frac{2mk_{\mathrm{B}}T}{h^2}\right)^{\frac{3}{2}}\int_0^{\infty}\frac{x^{1/2}}{e^{x+\alpha}-1}dx \tag{6.85}$$

と書ける．ここでは $\alpha = -\beta\mu$ とおいた．

エネルギーは，

$$E = \int_0^{\infty} D(E)\frac{E}{e^{\beta(E-\mu)}-1}dE = 2\pi V\left(\frac{2mk_{\mathrm{B}}T}{h^2}\right)^{\frac{5}{2}}\int_0^{\infty}\frac{x^{3/2}}{e^{x+\alpha}-1}dx \tag{6.86}$$

また，圧力 P は式 (6.50) より，

$$PV = \frac{2}{3}E \tag{6.87}$$

である．

上の式 (6.85) の関係を満たすように μ つまり α を決めるのであるが，Bose–Einstein 分布 (6.34) の導出から明らかなように，

$$\mu \leq 0 \tag{6.88}$$

でなくてはならない．もし $\mu > 0$ の場合には μ 以下のエネルギーをもつ粒子数が発散してしまう．

与えられた状況 (温度，体積) のもとで，粒子数 $\langle N\rangle$ は μ の単調増加関数であり，$\langle N\rangle$ の最大値は $\mu = 0$ の場合に与えられる．

$$\langle N\rangle_{\mathrm{MAX}} = 2\pi V\left(\frac{2mk_{\mathrm{B}}T}{h^2}\right)^{\frac{3}{2}}\int_0^{\infty}\frac{x^{1/2}}{e^{x}-1}dx$$

$$= 2\pi V\left(\frac{2mk_{\mathrm{B}}T}{h^2}\right)^{\frac{3}{2}}\phi\left(\frac{3}{2},1\right)\Gamma\left(\frac{3}{2}\right) \tag{6.89}$$

で与えられる．ここで，$\phi(z,s)$ は変形されたツェータ関数と呼ばれる関数

$$\phi(z,s) = \frac{1}{\Gamma(z)}\int_0^{\infty}\frac{x^{z-1}}{e^{x}/s-1}dx \tag{6.90}$$

である．また $\Gamma(z)$ はガンマ関数である．

もし，容器内の粒子数 N が上で求めた最大値 $\langle N\rangle_{\mathrm{MAX}}$ より大きな場合はどうなるのであろうか．たとえば，容器内に多くの粒子数を入れ，そのまま温度を下げれば，$\langle N\rangle_{\mathrm{MAX}}$ は温度とともに下がる ($\propto T^{3/2}$) が，粒子数は変わらないため，$N > \langle N\rangle_{\mathrm{MAX}}$ の状況が生じる．

そのとき何が起こるかを考えてみよう．式 (6.6) では，$\hbar^2(2\pi)^2/2mL^2$ が小さいとして和を積分に変えた．しかし，$k=0$ の状態をとる粒子数の期待値は，μ をゼロに近づけると，

$$N_{\boldsymbol{k}=0} = \frac{1}{e^{-\beta\mu}-1} \to \infty \tag{6.91}$$

であり，この状態にいくらでも粒子数が入ることがわかる．それに対し，3 次元系における積分では，$k=0 \sim dk$ にある粒子数は，

$$\int_0^{dk} \frac{4\pi(k')^2 dk'}{k'^2} \sim dk \tag{6.92}$$

に比例し，$dk \to 0$ で 0 となる．つまり，積分 (6.85) では，$\boldsymbol{k}=(0,0,0)$ からの寄与を連続的なものに置き換えているので，マクロな数の粒子が $k=0$ の状態に入ることは取り入れられなかった．そのような場合，和を積分で置き換えることは正当化できない．

実際，上で考えている状況では，$N-\langle N\rangle_{\mathrm{MAX}}$ の粒子は $\boldsymbol{k}=(0,0,0)$ に入っている．その数を，

$$N_{\mathrm{BEC}} = N - \langle N\rangle_{\mathrm{MAX}} \tag{6.93}$$

とすると，

$$N = \sum_{\boldsymbol{k}} N_{\boldsymbol{k}} = \frac{V}{(2\pi)^3}\int_0^\infty 4\pi k^2 dk \frac{1}{e^{\beta(E_{\boldsymbol{k}}-\mu)}-1} + N_{\mathrm{BEC}} \tag{6.94}$$

が正しい表式である．図 6.5 に Bose–Einstein 分布の例を示す．

N_{BEC} がマクロな (N のオーダーの) 数になっている状態が BEC 状態である．BEC が現れる最大の温度は，

$$N = 2\pi V\left(\frac{2mk_{\mathrm{B}}T_{\mathrm{BEC}}}{h^2}\right)^{\frac{3}{2}}\phi\left(\frac{3}{2},1\right)\Gamma\left(\frac{3}{2}\right) \tag{6.95}$$

より，

$$k_{\mathrm{B}}T_{\mathrm{BEC}} = \frac{h^2}{2m}\left(\frac{N}{2\pi V}\phi\left(\frac{3}{2},1\right)\Gamma\left(\frac{3}{2}\right)\right)^{-\frac{2}{3}} \tag{6.96}$$

で与えられる．

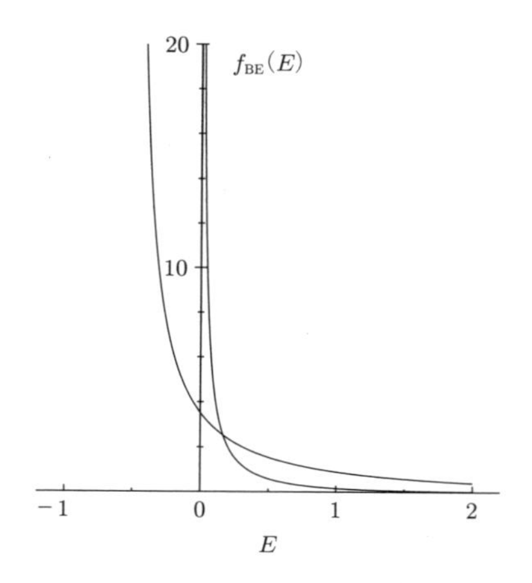

図 **6.5**　Bose–Einstein 分布
$(T=0.5,\mu=0)$，$(T=2,\mu=-0.5)$，$E>0$ の部分の面積が有限のエネルギーをもつ粒子数を示す．$\mu=0$ では $f_{\rm BE}(E)$ が $E=0$ で発散し．与えられた温度 $(T=0.5)$ で面積 (粒子数) が最大になる．それ以上粒子数を増やすと基底状態 $(E=0)$ に Bose–Einstein 凝縮する．μ が負の場合にそれ以上粒子数を増やすと μ が増大し $E>0$ の面積が増える．

この温度より低温では，常に $\mu=0$ であり，エネルギーは式 (6.86) より，

$$
\begin{aligned}
E &= 2\pi V\left(\frac{2mk_{\rm B}T}{h^2}\right)^{\frac{3}{2}} k_{\rm B}T\int_0^\infty \frac{x^{3/2}}{e^x-1}dx \\
&= 2k_{\rm B}T\pi V\left(\frac{3mk_{\rm B}T}{4h^2}\right)^{\frac{3}{2}}\phi\left(\frac{5}{2},1\right)\Gamma\left(\frac{5}{2}\right)
\end{aligned}
\tag{6.97}
$$

で与えられる．これから，Bose–Einstein 凝縮相での比熱は，

$$
C \propto T^{\frac{3}{2}} \tag{6.98}
$$

であることがわかる．

6.7.2　Bose 凝縮と超流動

ヘリウム 4 は Bose 粒子であり低温で，超流動状態を示す．その状態には粒子間の相互作用が効いており，必ずしも直接的に BEC 状態とはいえないが，$\boldsymbol{k}=0$

の状態にマクロな縮退が起こっていることは知られている．また，最近開発されたレーザー冷却技術などを用いて発生した低温気体では，BEC が確認されている．また，超伝導状態は，電子が示す Bose 凝縮状態とみなせる．そこでは Cooper (クーパー) 対と呼ばれる 2 個の Fermi 粒子の束縛状態が Bose 粒子として振る舞う．

例題 6.2 1，2 次元での Bose–Einstein 凝縮について調べよ．

(解) 2 次元の場合，$\mu = 0$ での粒子数の期待値は有限温度 $T \neq 0$ のとき，

$$\langle N \rangle = \frac{L^2}{(2\pi)^2} \int_0^\infty 2\pi k dk \frac{1}{e^{\beta E_{\boldsymbol{k}}} - 1} \propto \int_0^\infty 2\pi k dk \frac{k_{\mathrm{B}} T}{k^2} = \infty \tag{6.99}$$

であり，$k = 0$ の状態にマクロな数の粒子を凝縮させなくても，与えられた $\langle N \rangle$ を系に収納する負の μ の値が決まるから Bose 凝縮は起きない．一方絶対零度では式 (6.99) の右辺はゼロとなり，Bose 粒子はすべて $k = 0$ の状態に凝縮する．1 次元も同様である．このように，$k = 0$ 付近の寄与で積分が発散することを**赤外発散**という． ◁

6.8 古典理想気体との比較

量子系では，粒子数の性質によって，エネルギーの分布は，Fermi–Dirac 粒子では Fermi–Dirac 分布 (6.32)

$$f_{\mathrm{FD}}(E_{\boldsymbol{k}}) = \frac{1}{e^{\beta(E_{\boldsymbol{k}} - \mu)} + 1}$$

Bose–Einstein 粒子では Bose–Einstein 分布 (6.34)

$$f_{\mathrm{BE}}(E_{\boldsymbol{k}}) = \frac{1}{e^{\beta(E_{\boldsymbol{k}} - \mu)} - 1}$$

で与えられた．対応する古典気体では Maxwell–Boltzmann 分布

$$f_{\mathrm{MB}}(E_{\boldsymbol{k}}) = \frac{N}{Z_1} e^{-\beta E_{\boldsymbol{k}}}, \quad Z_1 = V \left(\sqrt{\frac{2\pi m k_B T}{h^2}} \right)^3 \tag{6.100}$$

である．

$$e^{-\beta\mu} \gg 1 \tag{6.101}$$

のとき，

$$f_{\mathrm{FD}}(E_{\boldsymbol{k}}) = f_{\mathrm{BE}}(E_{\boldsymbol{k}}) = e^{-\beta E_{\boldsymbol{k}}} e^{\beta\mu} = f_{\mathrm{MB}}(E_{\boldsymbol{k}}) = \frac{N}{Z_1} e^{-\beta E_{\boldsymbol{k}}} \tag{6.102}$$

であるので，上の量子気体の場合の分布が，古典気体の分布でよく近似されるのは，

$$\frac{N}{Z_1} = e^{\beta\mu} \ll 1 \tag{6.103}$$

の場合であることはわかる．これらより，古典理想気体がよい近似となるのは，

$$\frac{V}{N} \left(\frac{2\pi m k_{\mathrm{B}} T}{h^2} \right)^{3/2} \gg 1 \tag{6.104}$$

の場合であることがわかる．量子効果が現れるのは，

$$\frac{V}{N} \left(\frac{2\pi m k_{\mathrm{B}} T}{h^2} \right)^{3/2} \simeq 1 \tag{6.105}$$

となるときである．

エネルギー $k_{\mathrm{B}}T$ の運動エネルギーをもつ粒子の波長として定義された

$$k_{\mathrm{B}}T = \frac{1}{2m} \left(\frac{h}{\lambda_T} \right)^2 \to \lambda_T = \sqrt{\frac{h^2}{2mk_{\mathrm{B}}T}} \tag{6.106}$$

λ_T は熱的 **de Broglie** (ド・ブロイ) **波長**と呼ばれる．

関係 (6.105) は，熱的 de Broglie 波長が系の特徴的な長さ

$$\lambda_T \sim \left(\frac{V}{N} \right)^{\frac{1}{3}} \tag{6.107}$$

となるとき，量子効果が現れることを示している．

6.9　内部自由度のある理想気体：2 原子分子

粒子の重心運動が古典的に扱える場合にも，粒子の内部自由度のため，量子効果を示すことがある．その様子を 2 原子分子でみてみよう．気体の構成要素が単分子ではなく，内部自由度のある場合にはその自由度からの比熱への寄与がある．内部自由度としては，

(1) それぞれの核子がもつスピンの自由度 n_{spin}

(2) 分子の回転運動の自由度：回転を表す角運動量 L で量子化される．2原子分子で結合の方向を z 軸としたときの慣性モーメントを $(I, I, 0)$ とすると，その回転子のエネルギーは，量子化された角運動量 L によって，

$$E_L = L(L+1)\frac{h^2}{8\pi^2 I} \tag{6.108}$$

であり，$2L+1$ 重に縮退している．

(3) 分子の伸び縮み運動 (振動) の自由度：有効質量を m，ばね定数を k とするとエネルギーは，

$$E_n = \hbar\omega(n+\frac{1}{2}), \quad \omega = \sqrt{\frac{k}{m}} \tag{6.109}$$

である．

6.9.1 異核分子 AB

二つの核が異なる場合，1分子あたりの分配関数は，

$$Z_1 = n_{\text{spin}} Z_{\text{回転}} Z_{\text{振動}} \tag{6.110}$$

ここで，

$$Z_{\text{回転}} = \sum_{L=0,1,2\cdots} (2L+1)e^{-\beta L(L+1)A}, \quad A = \frac{h^2}{8\pi^2 I} \tag{6.111}$$

$$Z_{\text{振動}} = \sum_{n=0,1,2\cdots} e^{-\beta\hbar\omega(n+\frac{1}{2})} \tag{6.112}$$

である．

低温では回転自由度からの分配関数への寄与は $e^{-2\beta A}$，振動自由度からの寄与は $e^{-\beta\hbar\omega}$ に比例して小さくなる．それに対し，高温での寄与は，上の和を積分に変えて評価しなくてはならない．回転自由度からの比熱への寄与は，2原子分子では k_{B} であり，また振動からの寄与は k_{B} であることがわかる (例題 6.4 参照)．十分高温での比熱は，重心運動からの寄与にこれらの寄与を合わせて，

$$C = \frac{3}{2}k_{\text{B}} + k_{\text{B}} + k_{\text{B}} = \frac{7}{2}k_{\text{B}} \tag{6.113}$$

である．いま，

$$A \ll \hbar\omega \tag{6.114}$$

とすると，$k_{\rm B}T \ll A$ では，

$$C = \frac{3}{2}k_{\rm B} \tag{6.115}$$

$\hbar\omega \gg k_{\rm B}T \gg A$ では，

$$C = \frac{5}{2}k_{\rm B} \tag{6.116}$$

である．このような温度による段階的な比熱の変化は，実際の 2 原子分子で観測されている．

6.9.2　同核分子 AA：パラ水素，オルソ水素

二つの核が同じ場合，粒子の統計性が問題になる．この問題を水素分子の場合について考えてみよう．水素分子は二つの陽子からなる．そこでは核スピンと回転の自由度が Fermi の排他律を満たすように粒子数の入替えに関して反対称でなくてはならない．

スピンの自由度は，

$$2 \times 2 = 4 \tag{6.117}$$

である．その中で全系の全スピン

$$\boldsymbol{S} = \boldsymbol{s}_1 + \boldsymbol{s}_2 \tag{6.118}$$

の大きさが 1 の場合の 3 状態 ($S^z = -1, 0, 1$) が対称であり，大きさが 0 の場合の 1 状態 ($S^z = 0$) が反対称である．

例題 6.3 二つのスピンを合成した場合の全スピンの大きさを求めよ．また粒子の入れ替えに関する対称性を求めよ．

(解)

$$\boldsymbol{S} = \boldsymbol{s}_1 + \boldsymbol{s}_2 \tag{6.119}$$

において，それぞれのスピンの基底波動関数を

$$\left| s = \frac{1}{2}, M = \pm\frac{1}{2} \right\rangle_i, \quad i = 1, 2 \tag{6.120}$$

とすると，合成スピン $|\boldsymbol{S}| = 1/2 + 1/2 = 1$ の場合の波動関数は，

$$\left|\frac{1}{2},\frac{1}{2}\right\rangle_1 \left|\frac{1}{2},\frac{1}{2}\right\rangle_2,$$
$$\left(\left|\frac{1}{2},\frac{1}{2}\right\rangle_1 \left|\frac{1}{2},-\frac{1}{2}\right\rangle_2 + \left|\frac{1}{2},-\frac{1}{2}\right\rangle_1 \left|\frac{1}{2},\frac{1}{2}\right\rangle_2\right)\Big/\sqrt{2}, \tag{6.121}$$
$$\left|\frac{1}{2},-\frac{1}{2}\right\rangle_1 \left|\frac{1}{2},-\frac{1}{2}\right\rangle_2$$

であり，1,2 の交換に関して対称である．合成スピン $|\boldsymbol{S}| = 1/2 - 1/2 = 0$ の場合の波動関数は，

$$\left(\left|\frac{1}{2},\frac{1}{2}\right\rangle_1 \left|\frac{1}{2},-\frac{1}{2}\right\rangle_2 - \left|\frac{1}{2},-\frac{1}{2}\right\rangle_1 \left|\frac{1}{2},\frac{1}{2}\right\rangle_2\right)\Big/\sqrt{2}, \tag{6.122}$$

であり，1,2 の交換に関して反対称である．　◁

分子の回転を表す自由度は，相対座標

$$\boldsymbol{r} = \boldsymbol{r}_1 - \boldsymbol{r}_2 \tag{6.123}$$

で表され，その角運動量

$$\boldsymbol{L} = \boldsymbol{r} \times \boldsymbol{p} \tag{6.124}$$

の値 L が偶数の場合，波動関数は対称であり，奇数の場合反対称である．

スピンと相対座標の両方合わせて，Fermi 粒子である水素原子核 (陽子) が満たすべき反対称な波動関数として，(対称なスピン波動関数) × (反対称な角運動量波動関数) で与えられる**パラ水素**と呼ばれる状態と，波動関数が，(反対称なスピン波動関数) × (対称な角運動量波動関数) で与えられる**オルソ水素**と呼ばれる状態がある．

パラ水素での縮退度は，

$$3 \times (2L+1), \quad L = 0, 2, 4, \cdots \tag{6.125}$$

オルソ水素では，

$$1 \times (2L+1), \quad L = 1, 3, 5, \cdots \tag{6.126}$$

である．

低温では，パラ水素とオルソ水素の移り変わりが遅いので，それぞれ別の分子とみなすことができる．

パラ水素の 1 分子の分配関数は，

$$Z_{\rm para} = 3 \times \left(\sum_{L=0,2,4\cdots} (2L+1) e^{-\beta L(L+1)A} \right), \quad A = \frac{h^2}{8\pi^2 I} \tag{6.127}$$

オルソ水素の 1 分子の分配関数は，

$$Z_{\rm ortho} = 1 \times \left(\sum_{L=1,3,5\cdots} (2L+1) e^{-\beta L(L+1)A} \right), \quad A = \frac{h^2}{8\pi^2 I} \tag{6.128}$$

である．比熱は，

$$C = -\frac{\partial}{\partial T}\frac{\partial}{\partial \beta}\log Z \tag{6.129}$$

であるので，低温で 1 分子あたりの比熱は，

$$C_{\rm para} = 180 k_{\rm B} \left(\frac{A}{k_{\rm B}T}\right)^2 e^{-6\beta A} + \cdots \tag{6.130}$$

$$C_{\rm ortho} = \frac{700}{3} k_{\rm B} \left(\frac{A}{k_{\rm B}T}\right)^2 e^{-10\beta A} + \cdots \tag{6.131}$$

であり，低温ではパラ水素の比熱のほうが大きくなる (例題 6.5 参照)．

高温でのパラ水素，オルソ水素の比率は，

$$\begin{aligned} \sum_{L=0,2,4\cdots} (2L+1) e^{-\beta L(L+1)A} &\simeq \sum_{L=1,3,5\cdots} (2L+1) e^{-\beta L(L+1)A} \\ &\simeq \int_0^\infty (2x+1) e^{-\beta A x(x+1)} dx \end{aligned} \tag{6.132}$$

であり，等しくなるので，重率の比はスピン自由度の比となり，

$$n_{\rm para} : n_{\rm ortho} = 3 : 1 \tag{6.133}$$

となる．

例題 6.4 2 原子分子の回転の自由度の比熱への高温での寄与を求めよ．

(解) 高温では，分配関数 (6.111)

$$Z_{回転} = \sum_{L=0,1,2\cdots} (2L+1) e^{-\beta L(L+1)A}, \quad A = \frac{h^2}{8\pi^2 I}$$

の和を $\beta\hbar$ が小さいとして積分に直す．$x = \beta\hbar L$ として，

$$Z_{\text{回転}} \simeq \int_0^\infty \frac{dx}{\beta\hbar}\frac{2x+\beta\hbar}{\beta\hbar}e^{-\beta x(x+\beta\hbar)A/(\beta\hbar)^2} = \frac{2I}{\beta\hbar^2}$$

これより，

$$E = -\frac{\partial}{\partial\beta}\log Z = k_{\mathrm{B}}T, \quad C = k_{\mathrm{B}} \qquad \triangleleft$$

例題 6.5 オルソ水素の低温での比熱 (6.131) を求めよ．

(解) 分配関数は式 (6.128)

$$Z_{\text{ortho}} = 1 \times \left(\sum_{L=1,3,5\cdots}(2L+1)e^{-\beta L(L+1)A}\right), \quad A = \frac{h^2}{8\pi^2 I}$$

なので，

$$Z = 3e^{-2\beta A} + 7e^{-12\beta A} + \cdots$$

である．

$$\begin{aligned} E &= -\frac{\partial}{\partial\beta}\log Z = \frac{6Ae^{-2\beta A} + 84Ae^{-12\beta A} + \cdots}{3e^{-2\beta A} + 7e^{-12\beta A} + \cdots} \simeq A\frac{2+28e^{-10\beta A}+\cdots}{1+(7/3)e^{-10\beta A}+\cdots} \\ &\simeq A(2+28e^{-10\beta A} - (14/3)e^{-10\beta A} + \cdots) \end{aligned}$$

より，

$$C = \frac{\partial E}{\partial T} \simeq k_{\mathrm{B}}A^2\beta^2\frac{700}{3}e^{-10\beta A} \qquad \triangleleft$$

6.10 断 熱 変 化

熱力学で**断熱変化**というと，熱の出入りを禁止して状態を変化させることをいう．この変化を準静的に行うと，エントロピーを一定に保ったままの変化と捉えることができる．たとえば，単原子分子からなる理想気体

$$PV = Nk_{\mathrm{B}}T, \quad U = \frac{3}{2}Nk_{\mathrm{B}}T \tag{6.134}$$

において，断熱的に体積を変化させる場合の温度変化は，

$$\left(\frac{\partial T}{\partial V}\right)_S \tag{6.135}$$

で与えられる．偏微分の関係

$$\left(\frac{\partial V}{\partial T}\right)_S \left(\frac{\partial T}{\partial S}\right)_V \left(\frac{\partial S}{\partial V}\right)_T = -1 \tag{6.136}$$

と Maxwell の関係

$$\left(\frac{\partial S}{\partial V}\right)_T = \left(\frac{\partial P}{\partial T}\right)_V \tag{6.137}$$

を用いると，

$$\left(\frac{\partial T}{\partial V}\right)_S = -\left(\frac{\partial T}{\partial S}\right)_V \left(\frac{\partial P}{\partial T}\right)_V = -\frac{T}{C_V}\frac{Nk_\mathrm{B}}{V} = -\frac{2}{3}\frac{T}{V} \tag{6.138}$$

となる．ここで $C_v = (3/2)Nk_\mathrm{B}$ であることを用いた．これより，体積を V_0 から V に変化させたときの温度変化は，

$$T \propto T(V_0)\left(\frac{V}{V_0}\right)^{-\frac{2}{3}} \tag{6.139}$$

となる．

統計力学では，断熱変化とは，各エネルギー準位を占める状態数が状態変化に伴う各準位のエネルギーが変わっても変化しないという変化と捉えられている．理想気体のエネルギーは，

$$E_{l,m,n} = \frac{h^2}{2m}\left(\frac{l^2+m^2+n^2}{L^2}\right) \propto L^{-2} \tag{6.140}$$

である．各準位にある粒子数を一定に保ったまま，体積を，

$$V_0 \to V, \quad L_0 \to L_0\left(\frac{V}{V_0}\right)^{1/3} \tag{6.141}$$

のように V_0 から V に変化させたときのエネルギー変化は，

$$E \propto E(V_0)\left(\frac{V}{V_0}\right)^{-\frac{2}{3}} \tag{6.142}$$

となり，温度もこれに従って変化する．

この体積変化による温度変化は，下降気流による空気の断熱圧縮に伴う，気象学でのフェーン現象や，ディーゼルエンジンの発火機構などいろいろな現象として現れる．

7 量子統計効果の諸例

量子統計が本質的な役割をする現象のいくつかを紹介する．

7.1 空 洞 放 射

空洞放射とは真空中の電磁波のことである．電磁波のエネルギーは，

$$E = \int d(\boldsymbol{r}) \left(\frac{\epsilon_0}{2} \boldsymbol{E}(\boldsymbol{r})^2 + \frac{\mu_0}{2} \boldsymbol{H}(\boldsymbol{r})^2 \right) \tag{7.1}$$

と表される．ここで ϵ_0, μ_0 はそれぞれ真空の誘電率，透磁率である．いま，一辺が L の立方体の中の真空中の電磁波は，波動方程式を満たし，固有モード

$$E_y^x(k) = A_y^x(0) \sin(\frac{n\pi}{L}x), \quad n = 1, 2, \cdots \tag{7.2}$$

などの重ね合わせで表される．ここで，$A_j^i(0)$ は i 方向に伝搬する波の偏光の j 成分の振幅を表している．各モードは，それぞれ角振動数

$$\omega = ck, \quad k = \frac{n\pi}{L}, \quad c\text{：光速} \tag{7.3}$$

の調和振動子と同じ運動方程式を満たすので，電磁波は調和振動子系の集まりとみなすことができる．

古典系では Dulong–Petit の法則 (3.91) により，内部エネルギーは $\sum_{\boldsymbol{k}} k_{\mathrm{B}}T$ に比例することになり，$\boldsymbol{k}$ には上限がないので，

$$E = \sum_{\boldsymbol{k}} k_{\mathrm{B}} = \infty \tag{7.4}$$

つまり，真空の内部エネルギーは無限大になってしまう．この不都合は，古典力学の代わりに量子力学を適用することで解決される．実際この空洞放射の問題が，量子力学誕生の大きな契機となった．

量子系での分配関数は式 (5.8) より，

$$Z = \Pi_{(\text{固有モード}:i)} \frac{e^{-\frac{\beta}{2}\hbar\omega_i}}{1 - e^{-\beta\hbar\omega_i}} \tag{7.5}$$

となる．ここで ω_i は固有モード i の角振動数である．また，角振動数の大きさが $\omega \sim \omega + d\omega$ をもつ電磁波の個数 n の期待値は，

$$P(\omega)d\omega = D(\omega)\frac{1}{e^{\beta\hbar\omega} - 1}d\omega \tag{7.6}$$

となる．ここで $D(\omega)d\omega$ は角振動数の大きさが $\omega \sim \omega + d\omega$ をもつモードの数であり，角振動数に関する**状態密度**と呼ばれる．

7.1.1 状 態 密 度

一辺の長さが L の立方体中での状態密度を求めてみよう．モードは波の波数ベクトルと偏極方向で指定される．角波数ごとに二つの偏極がある．波数ベクトルは立方体の中で立つ波であり，式 (6.38) でその状態密度は，

$$D(k)dk = \frac{V}{(2\pi)^3}4\pi k^2 dk$$

で与えられた．波数の大きさが k の波の振動数は光の分散関係より，

$$\omega = ck \tag{7.7}$$

である．

角振動数の大きさが $\omega \sim \omega + d\omega$ をもつモードの数 $D(\omega)d\omega$ は，波数 k が大きさ $(\omega/c) \sim (\omega/c) + (d\omega/c)$ をもつモードの数 $D(k)dk$ で与えられる (同じ D を用いているが異なる関数である)．

$$D(\omega)d\omega = \frac{V}{2c^3\pi^2}\omega^2 d\omega \tag{7.8}$$

ここで V は立方体の体積である．

偏極の自由度 2 も考慮すると式 (7.6) は，

$$P(\omega, T)d\omega = \frac{V}{c^3\pi^2}\frac{1}{e^{\beta\hbar\omega} - 1}\omega^2 d\omega \tag{7.9}$$

となる．

7.1.2 放 射 法 則

これによりエネルギーの振動数分布は，

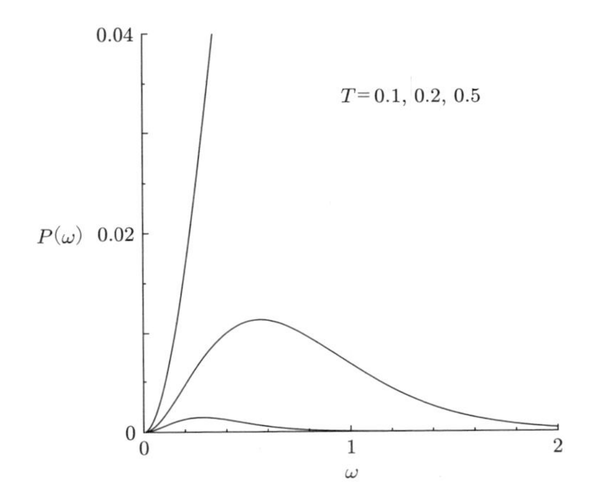

図 7.1　Planck の放射法則
ω の単位は (J) $\hbar^{-1}$，温度の単位は (J) $k_{\rm B}^{-1}$.

$$E(\omega,T)d\omega = \frac{V}{c^3\pi^2}\frac{\hbar\omega}{e^{\beta\hbar\omega}-1}\omega^2 d\omega \tag{7.10}$$

で与えられることがわかる．このエネルギーの振動数分布は **Planck** (プランク) **の放射法則**と呼ばれる (図 7.1).

この式で $\beta\hbar\omega$ を小さいとしたとき，古典的に求めた振る舞いが得られる．この場合のエネルギーの振動数分布は **Rayleigh–Jeans** (レイリー–ジーンズ) **の放射法則**と呼ばれる．この場合，

$$\frac{\hbar\omega}{e^{\beta\hbar\omega}-1} \to k_B T \tag{7.11}$$

により，

$$E(\omega,T)d\omega = \frac{V}{c^3\pi^2}k_B T\omega^2 d\omega \tag{7.12}$$

となる．このエネルギー分布では，式 (7.4) でみたように，全エネルギーが発散してしまう．

そこで，歴史的には，$\beta\hbar\omega$ の大きな場合の振る舞いに関して，古典的粒子描像を用い，

$$E(\omega,T)d\omega = \hbar\omega D(\omega)e^{-\beta\hbar\omega}d\omega$$

が現象論的に導入された．このエネルギーの振動数分布は **Wien** (ウィーン) **の放射法則**と呼ばれる．この関係は Planck の放射法則で $\beta\hbar\omega \gg 1$ の場合に一致する．

Planck の放射法則では Rayleigh–Jeans の放射法則と Wien の放射法則が見事に結合されている．

また，式 (7.10) を積分することで放射場における Stefan–Boltzmann (シュテファン–ボルツマン) の関係が説明される．

$$E = \int_0^\infty E(\omega, T)d\omega = \frac{8\pi V}{c^3 h^3 \beta^4}\int_0^\infty \frac{x^3}{e^x - 1}dx = \frac{8\pi^5}{15}\frac{{k_\mathrm{B}}^4}{h^3 c^3}T^4 V \tag{7.13}$$

7.1.3　高温の物体が光ること (可視光の放射) と温度の関係

Planck の放射式 $E(\omega, T)$ のピークは，エネルギー分布を考えると，

$$\frac{dE(\omega, T)}{d\omega} = \frac{\hbar\omega^2}{\pi^2 c^3}\left[3\frac{1}{e^{\beta\hbar\omega} - 1} - \omega\hbar\beta\frac{e^{\hbar\beta\omega}}{(e^{\beta\hbar\omega} - 1)^2}\right] = 0 \tag{7.14}$$

より，

$$3 - \beta\hbar\omega = 3e^{-\beta\hbar\omega} \to \beta\hbar\omega = 2.82$$

可視光は振動数 $\nu = 4 \sim 8 \times 10^{14}\,\mathrm{Hz}$ あたり (波長：$\lambda = 0.38 \sim 0.77\,\mu\mathrm{m}$) であるので，

$$\frac{6.62 \times 10^{-34} \times 6 \times 10^{14}}{1.38 \times 10^{-23}T} = 2.82$$

より，

$$T \simeq 1 \times 10^4\,(\mathrm{K})$$

である．また，放射強度で考えると，

$$\frac{dP(\omega, T)}{d\omega} = \frac{\omega}{\pi^2 c^3}\left[2\frac{1}{e^{\beta\hbar\omega} - 1} - \omega\hbar\beta\frac{e^{\hbar\beta\omega}}{(e^{\beta\hbar\omega} - 1)^2}\right] = 0 \tag{7.15}$$

より，

$$2 - \beta\hbar\omega = 2e^{-\beta\hbar\omega} \to \beta\hbar\omega = 1.8$$

が最大値を与え，

$$\frac{6.62 \times 10^{-34} \times 4 \times 10^{14}}{1.38 \times 10^{-23}T} = 1.8$$

より，

$$T \simeq 6000\,(\mathrm{K})$$

である．

これらの温度になると物質から可視光の範囲ですべての波長の光が同程度放出されるため，物体は白く輝く．この温度より低いと，物体の色は長波長成分の放射が優勢になり赤みがかり，逆に温度が高いと，青みがかる．このように温度によって放射の色が変わる．もっと温度を下げると光ではなく赤外線が，もっと温度を上げると紫外線が主に放出される．

黒体放射の色を逆に温度で表現する場合，色温度と呼ばれる．太陽の光はその表面温度 (約 6000 K) の黒体放射であり，白っぽい色である．星の色はその表面温度を反映しており，赤い星として有名なさそり座のアンタレスやオリオン座のベテルギウスの温度は 2000～4000 K と考えられている．逆に，青いシリウスやベガは 7000～10 000 K，さらに，スピカ，リゲルは 10 000～30 000 K と考えられている．太陽光の放射強度のピークが可視光の中心波長 (緑色) 付近にあり，太陽は「白く」見えることは偶然ではないであろう．生物は太陽光の強度の強い部分をよく検出することで地上の外界をよく「見える」ように目を進化させてきたと考えられる．

蛍光灯の色は「電球色」「温白色」「白色」「昼白色」「昼光色」に分類されているが，それぞれ約 3000 K，3500 K，4200 K，5000 K，6500 K 相当の光に対応している．

また，光の色を考えるとき，物質を燃やしたときの炎色反応というものがあるが，それは燃えている物質のスペクトルに応じた光が出てきており，温度とは直接関係がない．

例題 7.1 温度 T の物体の表面から単位時間あたり，かつ単位面積あたりに黒体放射として放出されるエネルギーを求めよ．また，温度が 300 K で表面積が 1 m^2 の物体が単位時間あたり放出するエネルギーはいくらか．

(解) Planck の放射式 (7.10)

$$E(\omega, T) = \frac{\hbar\omega^3}{\pi^2 c^3}\frac{1}{e^{\beta\hbar\omega} - 1}$$

を用いて，表面に垂直な方向から角度 θ の方向への放射を積分する．

$$J = \int_0^\infty d\omega \int_0^{2\pi} d\phi \int_0^{\pi/2} \sin\theta d\theta c E(\omega, T)\frac{\cos\theta}{4\pi}$$

ここで c は光速である．これにより，

$$J = \frac{c}{4}\int_0^\infty d\omega E(\omega, T) = \sigma T^4$$

ここでの係数

$$\sigma = \frac{\pi^2 k_{\rm B}^4}{60c^2\hbar^3} = 5.672 \times 10^{-8}\,(\mathrm{J\ m^{-2}\ sec^{-1}\ K^{-4}})$$

は，Stefan–Boltzmann 定数と呼ばれる．

物体が単位時間あたりに放出するエネルギーは，

$$J = 1\,(\mathrm{m})^2 \times 300^4\,(\mathrm{K})^4 \times (5.672\times 10^{-8}\,(\mathrm{J\ m^{-2}\ sec^{-1}\ K^{-4}})) \doteqdot 4.594\times 10^2\,(\mathrm{J\ sec^{-1}})$$

である．　◁

7.2　弾性体の比熱

3 次元の格子からなる弾性体の比熱は低温で T^3 に比例することが実験的に知られている．この振る舞いは **Debye** (デバイ) **比熱**と呼ばれる．この温度変化は式 (5.11) で求めた単独モードでの Einstein 比熱と合わない．その違いを説明するため，固体中のモードの分布を考え，それについての和 (5.15) を考える．

格子振動のモードは，古典系で説明したように，基準振動の和として与えられる．古典系では，基準振動の固有振動数によらず各モードから $k_{\rm B}$ の寄与があり，系の詳細によらず Dulong–Petit の法則 (3.91) が成り立った．それに対し，量子系では Einstein 比熱で与えられるように各モードからの寄与は固有振動数に依存する．

そのため，固有振動数の分布を求め，その分布での和 (5.15) を考える必要がある．特に，低温での振る舞いを調べるため，低温で重要な寄与をする低エネルギーのモードを考えられる．そのようなモードとして，音波の伝搬を与えるモードの中で長波長成分からの寄与を考える．

音波は，音速を v とすると，波の伝搬の方程式

$$\frac{\partial^2}{\partial t^2}u(\boldsymbol{r}, t) = v^2\left(\frac{\partial^2}{\partial x^2} + \frac{\partial^2}{\partial y^2} + \frac{\partial^2}{\partial z^2}\right)u(\boldsymbol{r}, t) \tag{7.16}$$

で与えられるので，分散関係は，前節で扱った電磁波と同じように，波数 k_j の角振動数 ω_j は，

$$\omega = vk \tag{7.17}$$

の形で与えられる．

音波を量子化したモードは**フォノン**と呼ばれる．量子化した場合のこの自由度のハミルトニアンは,

$$\mathcal{H} = \sum_j \hbar\omega_j (n_j + \frac{1}{2}), \quad n_j = 0, 1, \cdots , \tag{7.18}$$

で与えられる．

格子振動は波の進行方向に関して，二つの横波と一つの縦波が考えられる．それぞれの波の速さを v_1, v_2, v_3 とする．ただし，格子振動では，電磁波の場合と異なり，波数としては格子間隔の逆数の範囲 (第一 **Brillouin** (ブリュアン) **域**) までしか意味をもたない．第一 Brillouin 域の境界付近の角振動数を ω_D とするとこれら三つのモードからの比熱への寄与は,

$$\begin{aligned} C &= k_\mathrm{B} \left(\frac{1}{v_1^3} + \frac{1}{v_2^3} + \frac{1}{v_3^3} \right) \frac{V}{2\pi^2} \int_0^{\omega_\mathrm{D}} \left(\frac{\hbar\omega}{k_\mathrm{B}T} \right)^2 \frac{e^{-\beta\hbar\omega}}{(1 - e^{-\beta\hbar\omega})^2} \omega^2 d\omega \\ &= k_\mathrm{B} \frac{3}{v^3} \frac{V}{2\pi^2} \frac{1}{(\beta\hbar)^3} \int_0^{\beta\hbar\omega_\mathrm{D}} \frac{e^x x^4}{(1 - e^x)^2} dx \end{aligned} \tag{7.19}$$

の形で与えられる．ここで平均の速度として,

$$\frac{3}{v^3} = \frac{1}{v_1^3} + \frac{1}{v_2^3} + \frac{1}{v_3^3} \tag{7.20}$$

と書いた．電磁波の場合，縦波がなかったが，音波の場合，縦波，横波の両方が許されることに注意しよう．

ここで，積分の上限を与えている特徴的な角振動数 ω_D の値を評価しよう．対応する波数として,

$$\omega_\mathrm{D} = vq_\mathrm{D} \tag{7.21}$$

を導入する．系の自由度は粒子数を N であるので,

$$N = \sum_{q_x} \sum_{q_y} \sum_{q_z} 1 = \frac{4\pi V}{8\pi^2} \frac{1}{3} q_\mathrm{D}^3 \tag{7.22}$$

で q_D を定義する．ここで q_D は系の微小振動が完全に音波によって与えられるとしたときの波数の大きさの上限である．これから,

$$\omega_{\rm D} = vq_D = v\left(6\pi^2\frac{N}{V}\right)^{1/3} \tag{7.23}$$

である．

低温で $\beta\hbar\omega_{\rm D}$ が十分大きいとみなせるときは，定積分

$$\int_0^\infty \frac{e^x x^4}{(1-e^x)^2}dx = \frac{4\pi^4}{15} \tag{7.24}$$

を用いて，式 (7.19) は，

$$C = Nk_{\rm B}\frac{12\pi^4}{5}\left(\frac{k_{\rm B}T}{\hbar\omega_{\rm D}}\right)^3 \tag{7.25}$$

となる．ここで求められた比熱は温度の 3 乗に比例する．これによって実験的に観測されていた T^3 に比例する低温比熱は格子振動によるものであることが説明された．ここで，

$$\Theta \equiv \frac{\hbar\omega_{\rm D}}{k_{\rm B}} \tag{7.26}$$

は Debye 温度と呼ばれ，固体の比熱が古典的な Dulong–Petit の法則からずれて量子効果が現れる温度を示している．ちなみに，電磁波の場合この Debye 温度に相当する温度は，波数に上限がないので無限大である．また，物体がアモルファスのように格子がランダムな場合，分散関係は単純に式 (7.17) で与えられず，特異な分散関係が現れることが知られている．

例題 7.2 Debye 温度と結晶の固さについて考察せよ．

(解) Debye 温度は，音速を v とすると，

$$\Theta = \frac{\hbar\omega_{\rm D}}{k_{\rm B}} = v\frac{\hbar q_{\rm D}}{k_{\rm B}} \tag{7.27}$$

で与えられる．結晶が固い (ばね定数 k が大きい) と音速は大きい ($v \propto k$) ので，Debye 温度は高くなる． ◁

7.3 スピン系

7.3.1 Brillouin 関数

大きさ S のスピンが温度 T，磁場 H で熱平衡にあるときの磁化の平均を求めてみよう．この場合のハミルトニアンは，

$$\mathcal{H} = -g\mu_{\mathrm{B}}HS_z, \quad S_z = -S, -S+1, \cdots, S \tag{7.28}$$

であり，分配関数は，

$$Z = \mathrm{Tr}e^{-\beta\mathcal{H}} = \sum_{S_z=-S}^{S} e^{\beta g\mu_{\mathrm{B}}S_zH} = \frac{e^{-\beta g\mu_{\mathrm{B}}SH} - e^{\beta g\mu_{\mathrm{B}}H(S+1)}}{1 - e^{\beta g\mu_{\mathrm{B}}H}} \tag{7.29}$$

である．以下 $h \equiv g\mu_{\mathrm{B}}H$ とする．磁化は，

$$\langle M \rangle = \frac{\partial \log Z}{\partial(\beta H)} = g\mu_{\mathrm{B}}\left[\left(S+\frac{1}{2}\right)\coth\left\{\beta h\left(S+\frac{1}{2}\right)\right\} - \frac{1}{2}\coth\frac{\beta h}{2}\right] \tag{7.30}$$

で与えられる．この形は **Brillouin 関数**

$$B_S(x) = \frac{2S+1}{2S}\coth\frac{(2S+1)x}{2S} - \frac{1}{2S}\coth\frac{x}{2S} \tag{7.31}$$

を用いて，

$$\langle M \rangle = Sg\mu_{\mathrm{B}}B_S(\beta hS) \tag{7.32}$$

と書ける．ちなみに，$S = 1/2$ の場合は 2 準位系の場合の，

$$B_{1/2} = \tanh(x) \tag{7.33}$$

であり，$S = \infty$ の場合は剛体双極子系の場合の Langevin 関数

$$B_\infty = \coth(x) - \frac{1}{x} = L(x) \tag{7.34}$$

になる．磁化曲線の S 依存性を図 7.2 に示す．

7.3.2 Curie の法則

磁化は，磁場が小さいとき磁場に比例する．

$$M = \lim_{H\to 0}\frac{M}{H} = \left.\frac{\partial M}{\partial H}\right|_{H=0} \tag{7.35}$$

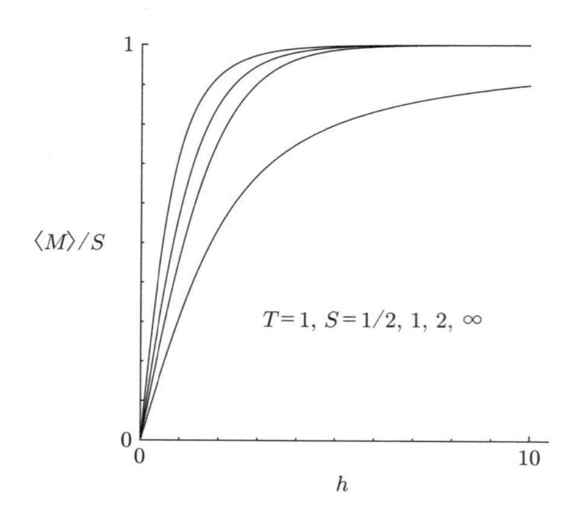

図 7.2 磁化曲線の S 依存性
下から $S=1/2,1,2,\infty$.

この比例係数は帯磁率，あるいは磁化率と呼ばれる．

$$\chi = \left.\frac{\partial M}{\partial H}\right|_{H=0} \tag{7.36}$$

大きさが S の互いに独立なスピンからなる系 (常磁性体) の帯磁率は式 (7.30) より，

$$\chi = \frac{\partial\langle M\rangle}{\partial H} = (g\mu_{\mathrm{B}})^2\frac{\beta}{3}S(S+1) \tag{7.37}$$

となり[*1]，温度に反比例する．この常磁性の帯磁率の性質は **Curie** (キュリー) **の法則**と呼ばれる．

7.3.3 断熱消磁冷却法

スピンの断熱変化を利用した冷却法を紹介する．磁場中にあるスピン 1/2 の磁性体のエントロピーは，

$$Z = (2\cosh(\beta h))^N, \qquad F = -k_{\mathrm{B}}TN\log(2\cosh(\beta h)) \tag{7.38}$$

より，

$$S = \frac{E-F}{T} = Nk_{\mathrm{B}}\left(\log(2\cosh(\beta h)) - \beta h\tanh(\beta h)\right) \tag{7.39}$$

*1 $\coth x = \frac{1}{x} + \frac{1}{3}x + \cdots$

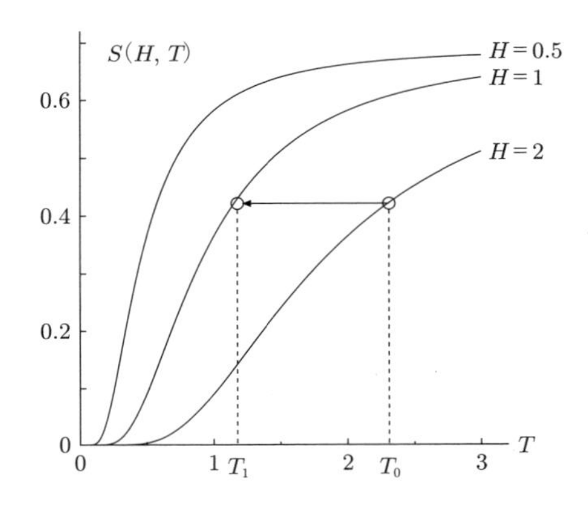

図 7.3 常磁性体のエントロピーと断熱消磁冷却

となる．強い磁場下で，スピンをそろえておくと乱れは少なくエントロピーは小さい．そこから，磁場をゆっくり変化させスピンを断熱的に変化させると，エントロピーを一定にして h が変わるので，図 7.3 に示すように，温度は T_0 から T_1 に下がる．この過程では外場が負の仕事をしてエネルギーを取り去ったとみなすことができる．このスピン系に接している系は，スピン系との熱的接触で温度が下がる．このプロセスは**断熱消磁**冷却法と呼ばれる．

8　補：位相空間とハミルトニアン

古典力学における運動は運動方程式 (1.1)，つまり Newton の方程式で与えられる．以下では記述を簡単にするため 1 次元の運動を考える．ポテンシャル関数 $V(x)$ のもとでの運動は，

$$m\frac{d^2x}{dt^2} = -\frac{\partial V(x)}{\partial x} \tag{8.1}$$

で与えられるとする．

この運動を変分的な意味で捉えるために，作用 A という量を導入する．

$$A = \int_{t_0}^{t_1} L(x(t), \dot{x}(t))dt \tag{8.2}$$

ここで，L は**ラグランジアン**と呼ばれ，ポテンシャルエネルギー $V(x)$ と運動エネルギー T によって，

$$L(x, \dot{x}) = T - V(x) \quad T = \frac{m}{2}(\dot{x})^2 \tag{8.3}$$

で定義される．$x(t)$ は軌道と呼ばれ，両端の時間 t_0, t_1 では固定する．ここで，$x(t)$ の微小変化

$$x(t) \to x(t) + \delta(t) \tag{8.4}$$

に関して，作用が最小 (極値) になっているためには A の $\delta(t)$ に関する汎関数微分が 0 でなくてはならない．その条件は，

$$\frac{\partial L}{\partial x} - \frac{d}{dt}\frac{\partial L}{\partial \dot{x}} = 0 \tag{8.5}$$

で与えられる．この関係は，Euler–Lagrange (オイラー–ラグランジュ) 方程式と呼ばれる．この関係は運動方程式 (8.1) そのものである．

次に，運動量を，

$$p \equiv \frac{\partial L}{\partial \dot{x}} \tag{8.6}$$

で定義する．この関係は，1 粒子の運動を考えれば自明であるが，複雑な座標変換をした系での運動を考えるとき威力を発揮する．

ここで，位置 x と運動量 p を独立な量とみなし，独立変数を変数 $(x, \dot{x})$ から (x, p) に変更する．そのために，運動量の定義 (8.6) に注意して，Legendre 変換の考え方を用いる．

$$dL = \left(\frac{\partial L}{\partial x}\right) dx + \left(\frac{\partial L}{\partial \dot{x}}\right) d\dot{x} \to d(L - p\dot{x}) = \left(\frac{\partial L}{\partial x}\right) dx - \dot{x} dp \tag{8.7}$$

であることから，

$$\mathcal{H} \equiv p\dot{x} - L \tag{8.8}$$

を導入すると，

$$d\mathcal{H} = \left(\frac{\partial \mathcal{H}}{\partial x}\right) dx + \left(\frac{\partial \mathcal{H}}{\partial p}\right) dp \tag{8.9}$$

の形に表せる．この $\mathcal{H}$ がハミルトニアンである．ハミルトニアンを用いると系の運動は，

$$\begin{cases} \dot{p} = -\dfrac{\partial \mathcal{H}}{\partial x} \\ \dot{x} = \quad \dfrac{\partial \mathcal{H}}{\partial p} \end{cases} \tag{8.10}$$

で与えられる．この方程式は **Hamilton (正準) 運動方程式**と呼ばれる．ここで，x, p は系の座標とそれに共役な運動量と呼ばれ，互いに正準共役な力学変数と呼ばれる．もちろん，運動方程式 (1.1) と等価である．もとの表示では粒子の状態をその時間の粒子の位置と速度で表しているが，Hamilton 運動方程式の見方では，その時間の粒子の位置と運動量で表している．このように，粒子の状態を表す空間として (x, p) によって構成される空間を (力学での) 位相空間と呼ぶ[*1]．ポテンシャルエネルギー $V(x)$ が時間 t に陽によらない場合，Hamilton 運動方程式から，

$$\frac{d\mathcal{H}}{dt} = \frac{\partial \mathcal{H}}{\partial t}\dot{x} + \frac{\partial \mathcal{H}}{\partial p}\dot{p} = 0 \tag{8.11}$$

であり，ハミルトニアンは時間によらないことがわかる．特に，$\dot{x}$ に陽によらない場合，運動量は運動エネルギー T(8.3) を用いて，

$$p = \frac{\partial L}{\partial \dot{x}} = \frac{\partial T}{\partial \dot{x}} \tag{8.12}$$

であり，

$$p\dot{x} = \frac{\partial T}{\partial \dot{x}}\dot{x} = 2T \tag{8.13}$$

---

*1　数学における「位相空間」と同じ用語であるが，まったく異なるものであることに注意しよう．

となる．この場合，ハミルトニアンは

$$\mathcal{H} = V + T \tag{8.14}$$

であり，エネルギーそのものになっている．つまり，ハミルトニアンはエネルギーを座標と運動量を用いて表したものとみなしてよい．

このように式 (1.1) に従う運動は，位相空間内での状態点 (x, p) の運動として捉えられる．力学による運動ではエネルギーが保存する．そのため，状態点の運動は，位相空間の中の等エネルギー面，つまりハミルトニアンが同じ値をもつ領域で行われる．これらの関係は多変数 $\{x_i, p_i\}, i = 1, \cdots, N$ になっても同じである．詳しい説明は解析力学の教科書[6]を参照してほしい．

参 考 文 献

[第 **3** 章]

[1] 久保亮五編：『熱学・統計力学 (大学演習)』(裳華房, 1961).

[2] 原島鮮：『熱力学・統計力学 (改訂版)』(培風館, 1978).

[3] 宮下精二：『熱力学の基礎 (新数理ライブラリ P5)』(サイエンス社, 1995).

[4] 久保亮五：『ゴム弾性 (初版復刻版)』(裳華房, 1996).

[5] 川勝年洋：『高分子物理の基礎—統計物理的方法を中心に (臨時別冊・数理科学)』(サイエンス社, 2001).

[第 **8** 章]

[6] たとえば，宮下精二：『解析力学 (裳華房テキストシリーズ・物理学)』(裳華房, 2000).

索　　引

欧　文

あ　行

か　行

さ　行

た　行

な　行

は　行

ま　行

や　行

ら　行

わ　行

東京大学工学教程

著者の現職
宮下　精二（みやした・せいじ）
東京大学名誉教授
今田　正俊（いまだ・まさとし）
東京大学名誉教授

東京大学工学教程　基礎系　物理学
統計力学 I

令和元年 10 月 10 日　発　行

編　者　東京大学工学教程編纂委員会

著　者　宮下　精二・今田　正俊

発行者　池　田　和　博

発行所　丸善出版株式会社
〒101-0051 東京都千代田区神田神保町二丁目17番
編 集：電話 (03) 3512-3261／FAX (03) 3512-3272
営 業：電話 (03) 3512-3256／FAX (03) 3512-3270
https://www.maruzen-publishing.co.jp/

組版印刷・製本／三美印刷株式会社

ISBN 978-4-621-30428-0　C 3342　　Printed in Japan